环境应急处置技术丛书

铬污染应急处置技术

环境保护部环境应急指挥领导小组办公室　编著

U0253332

中国环境出版社·北京

图书在版编目（CIP）数据

铬污染应急处置技术/环境保护部环境应急指挥领导小组办公室编著. —北京：中国环境出版社，2015.2
（环境应急处置技术丛书）
ISBN 978-7-5111-2132-5

Ⅰ．①铬⋯ Ⅱ．②环⋯ Ⅲ．①铬—河流污染—污染防治 Ⅳ．①X522

中国版本图书馆 CIP 数据核字（2014）第 257106 号

出 版 人	王新程	
责任编辑	黄晓燕　侯华华	
责任校对	尹　芳	
封面设计	宋　瑞	

出版发行　中国环境出版社
　　　　　（100062　北京市东城区广渠门内大街 16 号）
　　　　　网　　　址：http://www.cesp.com.cn
　　　　　电子邮箱：bjgl@cesp.com.cn
　　　　　联系电话：010-67112765（编辑管理部）
　　　　　　　　　　010-67112735（环评与监察图书分社）
　　　　　发行热线：010-67125803　传真：010-67113405
印　　刷　北京市联华印刷厂
经　　销　各地新华书店
版　　次　2015 年 2 月第 1 版
印　　次　2015 年 2 月第 1 次印刷
开　　本　880×1230　1/32
印　　张　5.75
字　　数　142 千字
定　　价　40.00 元

《铬污染应急处置技术》
编写人员

林朋飞　任隆江　金冬霞　余　文

李　刚　刘　青　肖兰芳

序

　　加强应急管理、提高突发事件应对能力，是学习实践科学发展观、建设和谐社会的重要内容。党中央、国务院一直高度重视应急管理工作，把应急管理放在全局工作中的重要位置。《中华人民共和国突发事件应对法》的颁布实施，标志着我国应急管理工作日益走向成熟，体现了党和政府以人为本、依法治国的执政理念和建设和谐社会的执着追求。环境保护部坚决贯彻落实党中央、国务院的决策部署，将其摆在保障和改善民生、维护国家环境安全、忠实履行环保职能的高度，全面加强环境应急管理工作，努力为科学发展、生态文明建设保驾护航，切实维护人民群众的身体健康。

　　积极防范环境风险，妥善应对突发环境事件是保障国家环境安全最紧迫、最直接、最现实的任务，也是环境保护工作的最后一道防线。当前，我国正处于突发环境事件的高发期，据统计，2005—2009 年，环境保护部直接调度处置的突发环境事件就高达 653 起，平均每两到三天就有一起，一些历史上未曾发生过或是几十年甚至上百年一遇的事件，出现的频率越来越高。这一状况是由我国经济社会发展的阶段性特征所决定的，短期内难以逆转和改变。当前，环境应急管理基础薄弱，防范和处置重、特大突发事件的能力非常欠缺，与应对严峻形势的要求非常不适应，已经成为推进环保历史性转变的短板和"瓶颈"。

行至细微则民安。环境应急管理工作唯有更具体、更细致，落到实处，才能真正筑起保护人民群众生命财产安全，维护国家生态环境安全的有力防线。针对近几年砷污染事件频发的态势，今后还将继续抓紧组织专家，总结以往经验，针对发生频次较高、危害较大的突发环境事件开展科学研究，积极指导政府、部门、企业等方面及时有效应对突发环境事件，力求将危害和损失降到最低。

前　言

铬在自然环境中主要以三价铬和六价铬形式存在。其中三价铬是人体必需的微量元素，在中性和碱性环境中以沉淀形式存在，迁移能力弱，对人体危害小；六价铬及其化合物毒性大，长期过量摄入，会对人体健康造成严重损害，导致慢性、急性中毒乃至癌症。铬在国民经济发展过程中具有重要作用，是冶金、电镀、皮革、制药和耐火材料等行业的重要原材料。虽然我国铬矿并不丰富，主要依赖进口，但是在铬冶炼和工业应用过程中，会产生大量含铬废渣与废水。含铬废渣的无序堆放、含铬废水未经有效处理或事故排放，经各类途径进入河流、湖库等水体，会造成水环境污染，极易造成重特大突发环境事件。

为妥善应对河流突发铬污染事件，保障人民群众的生命健康和环境安全，环境保护部应急办组织清华大学开展了"河流突发铬污染事件应急处置技术"研究。一是从污染物来源、应急监测、污染评估、处置技术、工程实施以及损害评估等方面总结了近年来河流突发铬污染事件的应急处置技术与注意事项。二是针对河流突发铬污染可能影响到的饮用水安全，提供了相应的自来水厂应急除铬净水处理工艺，保障河流突发铬污染事件时沿岸住地居民的饮水安全。三是针对河流突发铬污染的来源，总结了工业含铬废水与废渣的处理方法，提出了相应的防范措施，为预防河流突发铬污染提供技术储备。四是针对河流突发铬污染事件可能对土壤、底泥与地下水的危害，提出了相应修复技术，为突发污染后的生态修复提供参考。

　　本书共分 6 章，第 1 章概述了铬的毒性和在环境中的存在形态及其迁移转化特性；第 2 章总结了国内外除铬技术的基本原理及适用条件；第 3 章围绕河流突发铬污染事件应急处置的需求，对河流突发铬污染的来源、应急监测和污染评估、河流中铬的迁移转化等进行了阐述，筛选了河流突发铬污染事件的应急处置技术，并对影响处置技术的因素进行了研究，提出了应急处置的技术方案和方案实施要点；第 4 章提供了水源突发铬污染的饮用水安全保障技术；第 5 章和第 6 章简述了河流突发铬污染事件风险防范及突发环境事件事后评估和生态修复的相关内容；此外本书也附带了环境标准中铬的限值、检测方法等比较详尽的附录。本书可用于指导河流突发铬污染事件的应急处置、饮用水除铬净水、含铬废水处理和铬渣稳定化工作。

目　录

第 1 章　铬的性质及其在环境中的
迁移转化

　　铬及其化合物是重要的工业原料,被广泛应用于冶金、化工、电镀、制革和印染等行业。此外,铬及其化合物还是耐火材料、催化剂的主要组成部分,在国民经济建设中起着重要作用。据商业部门统计,全国有 10%的商品品种与铬盐产品有关[1]。随着经济和现代工业的发展,人类社会对金属铬和铬盐的需求量日益增加。在金属铬冶炼和铬盐的生产与应用过程中会产生并排放大量铬渣和含铬废水。这些铬渣和含铬废水未经有效处理,进入环境,将污染河流、土壤和地下水,破坏生态环境,威胁饮用水安全,危害人体健康[2]。因此,妥善处理含铬废水和废渣,研究突发铬污染事件的应急处置技术和受污染土壤与地下水的修复技术,对于建设"美丽中国",具有重要意义。

1.1　金属铬的物化性质

　　铬是 1796 年法国化学家 Vanguclin 首次发现的。铬呈银白色,有金属光泽,硬度为 9(金刚石为 10),是自然界中最硬的金属[3]。但在不受应力作用并且纯度极高的情况下,金属铬则比较软并有延展性。在通常情况下可传热与导电,纯铬的导电性是铜的 22.2%,普通铬呈顺磁性。铬可锻造,易于进行各种类型加工,但含有杂质的铬质脆。铬的密度为 7.20 g/cm³(20℃)。由于它在成键时,可提供 6 个电子，因此，其金属原子间结合力较强，熔点和沸点都非常高，熔点为 1 890℃，沸点为 2 482℃[4]。金属铬的主要物化性质如表 1-1 所示。

表 1-1 金属铬的主要物化性质

项目	外观或数值	项目	外观或数值
颜色	灰	共价键半径/nm	0.118
相对原子质量	51.996	离子半径/nm	0.062
原子半径/nm	0.185	沸点/℃	2 671
原子体积/（cm^3/mol）	7.23	气化热/（kJ/g）	6 622
键长：Cr-Cr/nm	0.25	熔点/℃	2 180
密度/（g/cm^3）	7.19	导热性/[W/（m·K）]	93.7
硬度	9	导电性/Ω^{-1}	8×10^6

单质铬是银白色的金属，性质比较活泼，其表面可形成氧化膜，在常温甚至受热时，可以保护内层金属不被氧化，故铬广泛应用于金属加工和电镀等行业，借以保护及装饰各类构件。大量的铬用于制造合金材料，含铬 12%左右的钢为不锈钢。由于它在高温时也能保证足够的强度及耐氧化性，且在低温时有较强的韧性，故在机械制造中用途广泛[5]。

铬的价电子层构型为 $3d^54s^1$，由于 s 亚层和 d 亚层能量很接近，因此，铬的最外层 s 电子层和次外层 d 电子层的电子均可参与构成化学键，故铬呈现出多种价态：+1、+2、+3、+4、+5、+6、0 价以及−2 和−1 价，其中以+2、+3 和+6 价最典型。铬在低氧化态时一般以 Cr^{2+} 和 Cr^{3+} 形式存在，高氧化态时则以阴离子形式 CrO_4^{2-} 和 CrO_7^{2-} 存在。铬在低氧化态（如+2 价）时呈强还原性，在高氧化态（如+6 价）时呈强氧化性。铬若以中间价态+4 和+5 价存在时，在溶液中会很快发生歧化反应，生成+3 和+6 价两种稳定氧化态[6]。

金属铬的化学性质较活泼，能够和卤素、碳、氮、单质硫、氧气等反应[4]。在浓硝酸中，铬可在表面生成致密的氧化膜而钝化，因此，铬不溶于浓硝酸。由于铬能够生成钝化层，所以铬具有很强的抗氧化性和抗腐蚀性。钝化后的铬在空气中可保持它的光泽，不溶于稀酸。但在还原性介质中，铬的抗腐蚀性就弱得多，且铬一旦失去钝化层，即可溶解于除硝酸外的几乎所有无机酸中。

已知铬能与许多金属生成合金，这些金属包括：铝、锑、铍、铋、钴、钡、金、铪、铁、铅、锰、钼、镍、钯、铂、硅、银、锡、钛、钨、钒、钇、锌、锆等[4]。

1.2　铬化合物的性质与应用

铬具备多种价态，能够和多种金属和非金属形成各类化合物。目前铬的主要化合物及其物化性质如附录Ⅰ所示[1, 7]。不同价态铬具备不同性质。在一般水体中，三价铬主要以沉淀形式存在，六价铬多以含氧阴离子形式存在，并且形成的化合物多为溶解性化合物。不同价态铬与其化合物的性质及转化规律如下。

1.2.1　铬的价态及其转变

铬存在多种价态：+1、+2、+3、+4、+5、+6、0 价以及-2 和-1价，其中以+3 和+6 价为主。铬一般在低氧化态时以 Cr^{3+} 形式存在，高氧化态时则以阴离子形式 CrO_4^{2-} 和 CrO_2^{2-} 存在。不同价态铬具有不同的性质和环境特征，能够与不同基团形成不同化合物。因此，研究铬的价态转化及其化合物特征对理解铬的迁移、转化具有重要意义。

铬不同价态间转化的标准电极电位如表 1-2 所示。由表 1-2 可知，在酸性条件下，六价铬具有强的氧化性，可迅速被还原为三价铬。在碱性条件下，三价铬可以被空气中的氧气，以极其缓慢的速度氧化为六价铬。

表 1-2　铬及其化合物电极电势[8]

价态变化		电极反应	φ^0（V）	环境条件
酸性	Cr(III) – Cr(0)	$Cr^{3+} + 3e^- \rightleftharpoons Cr$	−0.74	
	Cr(II) – Cr(0)	$Cr^{2+} + 2e^- \rightleftharpoons Cr$	−0.86	
	Cr(III) – Cr(II)	$Cr^{3+} + e^- \rightleftharpoons Cr^{2+}$	−0.41	0.001 5 mol/L H_2SO_4
			−0.38	1 mol/L HCl
			−0.51	1 mol/L HF
			−0.26	饱和 $CaCl_2$
		$Cr(CN)_6^{3-} + e^- \rightleftharpoons Cr(CN)_6^{4-}$	−1.14	1 mol/L KCN
	Cr(VI) – Cr(III)	$Cr_2O_7^{2-} + 14H^+ + 6e^- \rightleftharpoons 2Cr^{3+} + 7H_2O$	1.33	
			1.15	4 mol/L H_2SO_4
			0.92	0.1 mol/L H_2SO_4
			1.03	1 mol/L $HClO_3$
		$HCrO_4^- + 7H^+ + 3e^- \rightleftharpoons Cr^{3+} + 4H_2O$	1.20	
			0.84	0.1mol/L $HClO_4$
			1.08	3 mol/L HCl
			0.93	0.1 mol/L HCl
碱性	Cr(III) – Cr(0)	$CrO_2^- + 2H_2O + 3e^- \rightleftharpoons Cr + 4OH^-$	−1.20	
	Cr(III) – Cr(0)	$Cr(OH)_3 + 3e^- \rightleftharpoons Cr + 3OH^-$	−1.48	
	Cr(VI) – Cr(III)	$CrO_4^{2-} + 6H_2O + O_2 + 7e^- \rightleftharpoons Cr(OH)_3 + 9OH^-$	−0.12	1 mol/L NaOH

pH 对铬的存在形态有重要影响，其中三价铬具有明显的两性，在弱碱性条件下可形成氢氧化铬沉淀，但氢氧化铬沉淀在酸性和强碱性条件下，均可溶解。六价铬存在两种状态：CrO_4^{2-} 和 $Cr_2O_7^{2-}$，在不同 pH 条件下，两者可以相互转化。此外，pH 也会影响铬的价态转化，在酸性条件下，六价铬具有较强氧化性，易被还原为三价铬，而在碱性条件下，三价铬可在空气中被缓慢氧化为六价铬。pH 对铬形态影响的主要化学反应式如下。

氢氧化铬在酸性和碱性条件下的解离过程[8]：

$$Cr(OH)_3 \rightleftharpoons Cr^{3+}+3OH^- \quad K_{sp}=6.3\times10^{-31} \quad (1\text{-}1)$$

$$Cr(OH)_3 \rightleftharpoons CrO_2^-+H^++H_2O \quad K_{sp}=9\times10^{-17} \quad (1\text{-}2)$$

铬酸的解离过程：

$$H_2CrO_4 \rightleftharpoons H^++HCrO_4^- \quad K_1=9.55(pK_1=-0.98) \quad (1\text{-}3)$$

$$HCrO_4^- \rightleftharpoons H^++CrO_4^{2-} \quad K_2=3.16\times10^{-7}(pK_2=6.5)$$

由于铬酸解离第一步特别快，因此，在正常水体 pH 范围内主要存在 CrO_4^{2-} 和 $HCrO_4^-$，只有在极酸条件下才会存在 H_2CrO_4。在 pH<4 时，水体中以 $HCrO_4^-$ 为主，在中性及碱性环境中，六价铬在水中都是以 CrO_4^{2-} 形式存在。

同时在不同 pH 存在条件下，六价铬的两种存在形态 CrO_4^{2-} 和 $Cr_2O_7^{2-}$ 可以相互转化[4]：

$$2CrO_4^{2-}+2H^+ \underset{OH^-}{\overset{H^+}{\rightleftharpoons}} Cr_2O_7^{2-}+H_2O \quad K=1.2\times10^{14} \quad (1\text{-}4)$$

即铬酸盐和重铬酸盐存在上述平衡，pH 大小决定着这一平衡的移动方向，所以铬酸盐和重铬酸盐随着溶液的酸碱性的改变可相互转化。

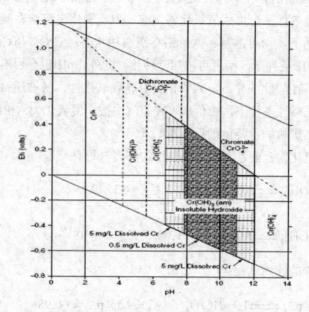

图 1-1　铬的氧化还原电位与 pH 关系[9]

　　由图 1-1 可知，在还原环境条件下，铬主要以三价铬形态存在，在氧化环境条件下，铬主要以六价铬形态存在。当 pH 为 7~11 时，三价铬可形成氢氧化铬沉淀；pH＞12 时，氢氧化铬沉淀可溶解；pH＞8 时，六价铬主要以 CrO_4^{2-} 形式存在；pH＜8 时，则以 $Cr_2O_7^{2-}$ 和 $HCrO_4^-$ 形式存在。

　　因此，对于铬污染处置的基本技术对策是用还原剂将水中六价铬还原为三价铬并在中性及弱碱性条件下以氢氧化物形式沉淀去除。为改善去除效果，可通过投加混凝剂等措施，通过矾花的凝聚作用提高效果；加碱提高 pH 可以提高沉淀去除效果，但 pH 不得过高（pH＞12 时氢氧化铬沉淀物又会再溶解）。

1.2.2　铬的化合物及其应用

铬盐在国民经济各部门中用途极广，主要用于冶金、耐火材料、电镀、鞣革、印染、医药、颜料、催化剂、有机合成、火柴及金属缓蚀剂、除锈剂等方面[10]。

1.2.2.1　冶金

添加铬，可提高钢的硬度和强度，且不降低其可塑性。当铬含量的增加不超过 2%时能提高钢的冲击韧性。若铬含量增加到 4%～5%时，会更进一步提高淬火钢的硬度，而此时淬火钢的性质变化不明显。在平炉钢中，铬更明显地影响钢的硬度和塑性。铬能增强钢在大气条件下的耐腐蚀性和在高温气体下耐腐蚀的强度。在铬的含量较大的情况下，可在钢表面形成薄的氧化膜，在空气中以及在酸性条件下，特别是在硝酸中能防止腐蚀。不锈钢中的主要合金元素是铬，只有当铬含量达到一定值时，钢才有耐蚀性。因此，不锈钢中铬含量至少为 10.5%。铬钢被广泛用于制造测量和切割工具[11]。

1.2.2.2　电镀

镀铬的应用范围极广，主要用于仪器、机床及日用五金等方面。镀铬有以下几个方面的作用：①防止金属制品腐蚀。由于铬在大气中生成的钝化膜，十分稳定，可经受硫化氢、硝酸、稀硫酸及碱的作用。②装饰作用。由于铬对光线有较强的反射能力，因此镀铬层具有天蓝色光泽，使金属制品的外观美丽而精致。③增加金属的耐磨性。铬的硬度很高，达 1 000～1 100 kg/mm^2，可用来提高各种切削工具的耐磨性。④增高金属的耐热性。铬在 400～450℃形成密致的氧化膜，可保持钢制品在 800～900℃的温度下操作[12]。

1.2.2.3　耐火材料

铬的氧化物（Cr_2O_3）拥有很高的熔点（2 340℃），可作为耐火材料。例如，铬铁砖是由铬铁矿和镁矿烧制而成的一种碱性耐火材料，其主要组成是氧化铬和氧化镁。它的稳定性好，耐火温度在 2 000℃以上，耐温度骤变和抗碱性炉渣的性能都较好，可用于砌筑炼钢平炉、炼钢电炉、有色金属冶炼炉、水泥回转窑等的衬里。

耐火材料按其化学性质通常可分为酸性、碱性和中性三类，供生产选用。氧化铬（Cr_2O_3）因呈现两性，可以选作中性耐火材料的主要成分。它经灼烧后，在高温下既不易于与酸性物质作用，也不易于跟碱性物质作用。因此，抗酸、碱侵蚀性能均较好[13]。

1.2.2.4　其他应用

动物生皮干时坚硬，遇水易腐蚀，必须用鞣革剂使之与蛋白质结合才可制成柔软丰满、有延展性、不易吸湿及经久耐用的皮革。铬盐是最常用的鞣革剂，常用于鞣制皮鞋面帮皮、小牛皮、山羊皮、小山羊皮及绵羊皮等。商品铬鞣革剂中，氧化铬的含量为 3.5%～6%。

三价铬与六价铬均具有与羊毛中某些有机基团结合的特性，因此多种铬盐可在纺织印染工业中，用作媒染剂及氯化剂。以铬酸盐作为后处理剂，可以增强染色牢度，此外，某些铬盐可防止棉织品在印染过程中形成色淀[14]。

铬的氧化物及铬酸盐可制成多种涂料，氧化铬是最稳定的绿色颜料，常用作油漆、水泥和玻璃的绿色颜料。铅铬黄为铬酸铅的黄色颜料，具有较高的遮盖力、着色力和耐氧化性，广泛应用于油墨、油漆及塑料工业。

此外，含铬化合物还可以用作金属缓蚀剂、催化剂、无机氧化剂、固化剂、分析试剂，以及用于金属处理、农业应用、有机合成、耐高温金属等生产领域[15-20]。

1.3　环境中铬的来源与分布

由于铬在国民经济建设中起着重要的作用，被广泛应用于冶金、制革、电镀等行业。据商业部门统计，全国有 10%的商品品种与铬盐产品有关。随着经济和现代工业的发展，人类社会对金属铬和铬盐的需求量越来越大。但在铬及其产品生产和应用过程中会产生大量铬渣和含铬废水，这些铬渣和含铬废水如不妥善处置就会对生态环境和人体健康造成直接影响[2]。因此，需要了解环境中铬的来源途径，以便于能够针对各类铬污染采取有效措施，从源头防治。

1.3.1　铬的来源

1.3.1.1　铬的天然源

铬的化学行为直接影响到铬的迁移、转化和毒性。铬在自然界中主要以富含铬的矿物形式存在。铬亦作为土壤成分天然存在，土壤中的铬，主要来自岩石的风化。在各类土壤中铬的平均含量分布在 1～3 000 mg/kg。铬的浓度主要取决于土壤母体岩石的组成。花岗岩、碳酸盐岩石、砂质沉积岩含铬量较低，而页岩、河流悬浮物中铬含量较高。

天然水中一般仅含有微量铬，通过河流输送到海洋，沉于海底。海水中的铬含量不到 1 μg/L。水体中的三价铬主要被吸附在固体物质上而存在于沉积物中；六价铬则以溶解态形式存在于水中。环境中的三价铬和六价铬可以相互转化[4]。

1.3.1.2　铬的工业源

基础工业特别是采矿、金属冶炼和电镀行业是环境中重金属的主要污染源。目前，铬已在电镀、制革、染料、颜料、有机合成等工业生产中得以广泛的应用。因此，工业生产排放的各类含铬废水、废渣是目前环境中铬的主要污染源。

工业用铬一般从铬矿（铬铁矿）采矿开始。然后经氧化或还原处理。在碳酸钠、氧化钙存在条件下，铬铁矿可氧化，其中的铬可生成铬酸钠，同时有副产物铬酸钙生成。之后，可用铬酸钠生产红矾钠（重铬酸钠）、红矾钾（重铬酸钾）、铬酸酐及其他多种铬化合物、颜料（钡、钙、铅、锶、锌的铬酸盐）等。铬铁矿经碳、铝、硅还原后用于生产铬合金。在工业生产过程中，越来越多的工业固体废弃物和废水进入环境，其中含有大量的重金属铬。如含铬废渣未经有效处理，因堆积和填埋不当，经暴晒及雨水浸淋后所产生的浸出液中所含的铬化合物会进入土壤和地下水中。而工业生产过程中排放的含铬废水，更会直接污染土壤和地下水。在天然环境中，铬不可降解，难以处理，同时可被植物吸收，经食物链，可在生物体内累积放大，最后会对人体健康产生危害。

我国铬盐工业中，随所用原料、工艺和配方的不同，一般每生产 1 t 红矾钠将排出 1.7～3.2 t 铬渣，每生产 1 t 金属铬将排出 7 t 铬渣，全国每年要排出 10 万余 t 铬渣。我国铬盐生产经历了近 50 年的曲折发展历程，自 1958 年以来，有 70 余家企业参与铬盐的生产，其中 40 多家企业由于国民经济发展和市场调节、环境保护或经济效益等因素而停产或倒闭。据不完全统计，生产和停产的涉铬企业合计残余铬渣约为 630 万 t，已经利用渣量约 220 万 t，解毒堆存 10 万 t，目前仍有 400 万 t 铬渣未经任何处理[2]。

1.3.1.3　铬的其他来源

由于铬在国民经济中具有重要作用，可作为冶金、耐火材料、电镀、鞣革、印染、医药、颜料、催化剂、有机合成、火柴及金属缓蚀剂等工业产业的原料。因此，这些含铬产品的生产、使用过程，也是铬进入自然环境的间接渠道。铬的其他来源主要包括：日常生活、农业生产和交通运输部门等在使用含铬产品过程中排放的铬。

生活污染源：部分生活垃圾中含有铬，无序堆放，可能导致其中含有的铬渗入土壤中，污染土壤；此外，部分生活污水中也含有一定浓度的铬，含铬生活污水未经有效处理或被用于灌溉，也可能导致土壤污染。

农业污染源：含铬农药、化肥等的不恰当使用会造成土壤污染。

交通污染源：机车燃料中所含的重金属对环境的污染。

1.3.2　铬的分布

1.3.2.1　铬在地壳中的分布

铬在地球各组分中丰度和分布量，是反映铬地铁化学性质的一个重要标志[21]。铬在地球上分布比较广泛，但并不均匀。

从图 1-2 铬的地球丰度系列得知，地幔的铬丰度最高，地壳的铬丰度是相当贫化的，因此铬又称为地幔型元素。海洋地壳比陆地地壳的铬丰度高一倍多。我国陆壳的铬丰度与岩石圈沉积层的铬丰度相当。无论从陆地地壳或大陆地壳的铬丰度背景来看，我国陆壳的铬丰度并不高[5]。

铬在地壳中较活跃，自然界中不存在单质铬。我国土壤中铬元素平均丰度为 61×10^{-6}，美国为 54×10^{-6}。据美国矿业局统计，截至 2001 年，已探明世界铬铁矿总储量为 36 亿 t，主要分布在南非（储量的 83.3%）、津巴布韦（储量的 8.89%）和哈萨克斯坦（储量的 3.89%）。在自然界中，铬以多种矿物形式存在，可以分为氧化物、氢氧化物、硫化物、铬酸盐、硅酸盐几大类，主要的铬矿是铬铁矿，其次还有铬铅矿、硫酸铬矿、绿铬矿、铬磷镁矿、铬钾矿等。但在工业上有价值的铬矿石是铬铁矿（主要成分为 $FeCr_2O_4$），属于尖晶石族矿物[3, 5]。

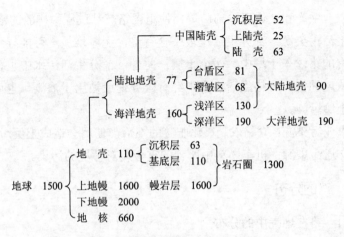

图 1-2 地球铬的质量丰度（×10^{-6}）

1.3.2.2 铬在土壤中的分布

土壤的化学成分与成土母质岩石的类型有关，铬矿石较稳定，难被风化，因此，相比于地壳中的铬丰度，土壤中铬的背景浓度较低。全球土壤中铬含量范围在 5～1 000 mg/kg，平均值在 100～300 mg/kg，可见土壤中的铬分布是不均匀的。这种不均匀主要由土壤的成土母质的多样性决定的。石油中铬的含量在 3 mg/kg，煤灰中铬的含量在 800～1 200 mg/kg。

铬在土壤中的性状与 Eh 值、pH、有机质和细菌的氧化还原作用有密切关系。土壤中的铬主要以可溶性六价铬形式存在[4]。

1.3.2.3 铬在水体中的分布

铬在水体中容易形成氢氧化物沉淀，所以在地表水和地下水中含量较小，很少有超过 200 mg/L 的。

铬在海水中含量一般为 0.2～0.5 μg/L，我国南部海域的铬含量为 1.59 μg/L，铬在海洋中的平均滞留时间为 350 年。六价铬可在海水中被还原为三价铬并形成沉淀。

淡水中铬的浓度明显高于海水中铬的浓度，淡水中铬的自然本底浓度为 0.5～40 µg/L。不同河流中，铬的含量差异非常大，被污染的河流，铬浓度可达 10 000 mg/L。据世界 20 条较大河流的资料，河流悬浮物中铬含量为 68～460 mg/L[22]。

在地下水中，铬在矿泉水中的含量最高，法国、瑞典地下水的铬含量可达 0.002～0.02 mg/L，最高达 0.09 mg/L。水体 pH 和氧化还原环境，对铬在水中的化学行为起着重要作用。此外，水中胶体物质可吸附部分铬离子，从而将水体中的铬转入土壤和底泥中[7]。

1.3.2.4　大气中的铬

大气中 90%以上的悬浮物质存在于对流层，大气中金属元素的来源有海洋中的蒸发、土壤微粒随气流的上升、人类生产与生活活动产生的尘埃等。海洋上空清洁空气中，铬的含量只有 10^{-9} g/m^3；当空气中铬含量超过 10^{-8} g/m^3 时，就可能受到了污染[4]。

表 1-3　铬在环境中的分布

物质	铬的质量分数/10^{-6}	物质	铬的质量分数/10^{-6}
土壤	5～3 000（平均 100）	陆生植物	0.23
火成岩	100	海生植物	1
页岩	90	陆生动物	0.075
花岗岩	35	海生动物	0.2～1
砂岩	2	植物组织	0.8～3.5
闪长岩	68	哺乳类动物	0.025～0.85
辉长岩	340	硬组织	0.2～0.85
纯橄榄岩和橄榄岩	2 700	哺乳类血液	0.26
煤	60	血浆	0.24
淡水	0.000 1～0.08	红细胞	0.001 5
海水	0.000 05		

1.4　环境中铬的转化与迁移

大量研究表明，Cr^{3+} 和 Cr^{6+} 在化学性质、生物活性及毒性水平上均有显著的差异。Cr^{6+} 化合物具有高化学活性，小体积和高溶解性，易对动植物和人体产生危害，甚至对人体有致癌作用。Cr^{3+} 是人体必需的微量元素之一，它的主要功能是调节血糖代谢，参与脂肪代谢和蛋白质合成。Cr^{3+} 的缺乏容易诱发心血管疾病。因此，不同形态的铬对人体、动植物、生态环境有着截然不同的影响，需要综合考虑铬在环境中的转化和迁移特性[22]。

铬因工业生产直接进入空气、水体、土壤与地下水。空气传播的铬，最终沉降到土壤和水中。对于特定土壤，其中的铬是天然存在和人类活动共同作用的结果，主要是三价铬和六价铬的混合物。从土壤中浸出，渗入地下水的主要是六价铬。当六价铬由土壤中浸出，土壤中剩余的部分三价铬能缓慢地被氧化为六价铬以重新建立土壤中铬的平衡。在地表水中六价铬能以水溶形式迁移，当遇到溶解性有机碳（DOC）或悬浮粒子时，六价铬能够转化为三价铬以沉淀形式从水相迁移至沉积物中。在沉积物中，如果是厌氧环境，则三价铬能够被固定；但在好氧环境中，三价铬可能会重新溶出，进入水相[23]。

在天然水中，元素铬主要以三价铬和六价铬存在。在中性及弱碱性条件下，三价铬以沉淀形式稳定存在；六价铬在 $pH < 8$ 时以 $HCrO_4^-$ 和 $Cr_2O_7^{2-}$ 存在，当溶液的 $pH > 8.0$ 时，CrO_4^{2-} 则占主导地位[24]。六价铬由于具有较高的正电荷和较小的半径（52pm），因此，不论是在晶体中还是在溶液中都不存在简单的六价铬。六价铬总是以氧化物（CrO_3）、含氧酸根（CrO_4^{2-}、$Cr_2O_7^{2-}$）、铬氧基（CrO_2^{2+}）等形式存在。在自然界中，三价铬可与有机物（如氨基酸、腐殖酸及其他酸）形成相应的络合物，从而使 $Cr(OH)_3$ 沉淀减少。这些络合物中，三价铬大多被大分子有机物键合，三价铬的羟基络合物易被底泥等吸附，从而降低了三价铬在水中的流动性和生物活性。与三价铬络合物不同，六价铬所形成的基团，具有较好的溶解性，因此，在水体环境中，六价铬化合物相对于三价铬具有较高的溶解度，易于迁移[7]。

　　铬在地下水中迁移由其溶解度及在土壤和含水层表面的吸附势等因素决定。这些因素又受地下水化学性质和与含铬地下水接触的土壤的特性影响。三价铬相对不易迁移，在中性和碱性条件下以 $Cr(OH)_3$ 沉淀存在。在大多数浅层地下含水层中六价铬可迁移。在含铁和锰氧化物高的土壤或沉积物中，六价铬可被吸附而分离。但是如果有竞争的其他阴离子，这种吸附将明显减小。在碱性环境中，矿物质的吸附强度不足以阻止六价铬从土壤或沉积物中迁移出去。在地下水中，六价铬可通过还原为三价铬形成沉淀而被固定。在富含亚铁和有机物的环境中，六价铬容易被还原。

　　土壤是一个多组分和多相的复杂体系。在各种土壤中，铬的浓度分布范围为 $0.02 \times 10^{-6} \sim 58 \times 10^{-6} \, mol/kg$。铬在土壤中同样以三价铬和六价铬两种形式存在。土壤中三价铬主要以 $Cr(OH)_3$ 形式存在，不易经渗透转移至地下水中，也不易被植物吸收。此外，三价铬还易与土壤中的腐殖酸形成稳定的、不溶的、不流动的及不活泼的螯合物。在中性和碱性土壤中，六价铬以可溶的 Na_2CrO_4 和微溶的 $CaCrO_4$、$BaCrO_4$ 和 $PbCrO_4$ 形式存在；在酸性土壤中，六价铬主要以 $HCrO_4^-$ 形态存在。土壤中 CrO_4^{2-} 和 $HCrO_4^-$ 具有较强的流动性，它们可以被植物吸收，可以浸透到深层土壤，从而可引起地下水和地表水的污染。因此，六价铬对生物和环境的毒害作用很大[25]。

　　大气中铬主要是来自人类活动，其余来自自然界[26]。人类活动各类生产活动如冶金工业、耐火砖生产、电镀、燃料燃烧、铬化合物生产（CrO_4^{2-} 和 $Cr_2O_7^{2-}$、颜料、铬酸酐及其他铬盐）、水泥工业、热法磷酸生产、垃圾和废渣焚烧等可能向大气中排放铬。自然来源的铬主要包括火山爆发、土壤和岩石侵蚀、空气传播的海盐颗粒、森林野火散发的烟。大气中铬浓度为 $1\sim10$ ng/m³ [27, 28]。大气已成为铬向不同生态系统远程转移的主要途径[24, 26, 29]。

铬是生物体内必需的微量元素之一，植物体中含量为 $0.23\sim1$ mg/kg，动物体中为 $0.075\sim1$ mg/kg，正常人的肺、肾、肝、脾、胃含铬量的最大值为 $50\sim980$ mg/kg。动植物直接或间接从土壤和水中吸收铬。人体每天需铬大约 0.7 mg，主要从食物和水中摄取。铬在血糖中可以进行过剩糖的转化，对防治糖尿病有重要作用。铬还与酯类代谢有密切的关系，能增加人体内胆固醇的分解和排泄。它是肌体内葡萄糖能量因子中的一个有效成分，能辅助胰岛素利用葡萄糖。若食物和饮水中不能提供足够的铬，人体就会出现铬缺乏症，影响糖类及酯类代谢。但环境受到铬污染，摄入过量的铬，则会危害人体健康[30]。另外，在植物体内的铬还能和其他金属离子（如 Cu 和 Zn）发生协同作用[31]。

铬在自然环境中的循环如图 1-3 所示。

1.5　铬的环境标准限值

由于铬特别是六价铬对人体有较大的毒性，且存在致癌风险，因此各类环境卫生标准中都将铬（主要是六价铬）作为一项主要指标给予控制。表 1-4 列出了我国和部分国家（组织）的饮用水卫生标准及其他环境质量标准中铬的限值。

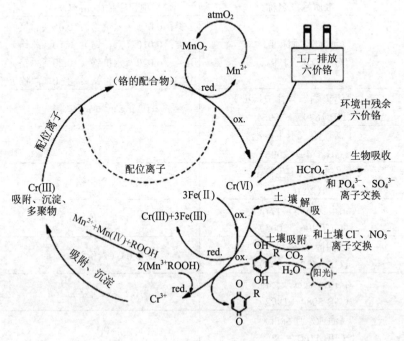

图 1-3 铬的循环[32]

表 1-4 现行部分环境标准中铬含量限值

水质标准名称	项目限值/（mg/L）
《地表水环境质量标准》 （GB 3838—2002）	Ⅰ类：0.01（六价铬） Ⅱ类：0.05（六价铬） Ⅲ类：0.05（六价铬） Ⅳ类：0.05（六价铬） Ⅴ类：0.1（六价铬）
《地下水质量标准》 （GB/T 14848—93）	Ⅰ类：0.005（六价铬） Ⅱ类：0.01（六价铬） Ⅲ类：0.05（六价铬） Ⅳ类：0.1（六价铬） Ⅴ类：>0.1（六价铬）

水质标准名称	项目限值/（mg/L）
《海水水质标准》 （GB 3097—1997）	Ⅰ类：0.005（六价铬）；0.05（总铬） Ⅱ类：0.010（六价铬）；0.10（总铬） Ⅲ类：0.020（六价铬）；0.20（总铬） Ⅳ类：0.050（六价铬）；0.50（总铬）
《大气污染物综合排放标准》 （GB 16297—1996）	0.08 mg/m³（铬酸雾）
《生活饮用水卫生标准》 （GB 5749—2006）	0.05（六价铬）
《生活饮用水卫生规范》 （2001）	0.05（六价铬）
《城市供水水质标准》 （CJ/T 206—2005）	0.05（六价铬）
《饮用天然矿泉水》 （GB 8537—2008）	0.05（六价铬）
《农田灌溉水质标准》 （GB 5084—1992）	0.1（六价铬）
《渔业水质标准》 （GB 11607—89）	0.1
《污水综合排放标准》 （GB 8978—1996）	1.5（总铬）；0.5（六价铬）
《城镇污水处理厂污染物排放标准》 （GB 18918—2002）	0.1（总铬）[①]
《土壤环境质量标准》 （GB 15618—1995）	90 mg/kg（一级）[②]
《大气污染物综合排放标准》 （GB 16297—1996）	0.08 mg/m³（铬酸雾）[③]
《固体废弃物浸出毒性鉴别标准值》 （GB 5058.3—1996）	10（总铬）；1.5（六价铬）
《台湾饮用水水源水质标准》 （2009）	0.05（以总铬表示）
《世界卫生组织（WHO）饮用水 水质标准》（第四版）	0.05（六价铬）

水质标准名称	项目限值/（mg/L）
《美国饮用水水质标准》 （EPA-822-R-04-005）	0.1（六价铬）
《加拿大饮用水水质标准》（1996）	0.05（六价铬）
《欧盟饮用水水质指令》（98/83/EC）	0.05（六价铬）
《日本生活饮用水水质标准》（2003）	0.05 六价铬）

注：① 《城镇污水处理厂污染物排放标准》（GB 18918—2002）中污泥农用时污染物限值
　　标准：总铬最高允许含量在酸性土壤上（pH<6.5）为 600 mg/kg 干污泥，在中性
　　和碱性土壤上（pH≥6.5）为 1 000 mg/kg 干污泥。

② 《土壤环境质量标准》（GB 15618—1995）中一级标准水田、旱田都为 90 mg/kg。
　　二级铬标准限值中 pH<6.5 时，水田 250 mg/kg，旱田 150 mg/kg；6.5<pH<7.5
　　时：水田 300 mg/kg，旱田 200 mg/kg；pH>7.5 时，水田 350 mg/kg，旱田 250 mg/kg。
　　三级标准中，pH>6.5 时，水田 400 mg/kg，旱田 300 mg/kg。

③ 《大气污染物综合排放标准》（GB 16297—1996）现有污染源大气污染物排放限值
　　规定的铬酸雾最高允许排放浓度为 0.08 mg/m^3。

第 2 章　铬污染处理技术基本原理

　　根据铬及其化合物的地球化学性质与生物化学性质，三价铬不仅不易迁移转化，而且毒性较低，对人体危害较小。因此，目前对铬的去除主要是针对六价铬。铬处理技术的基本原理主要是根据六价铬的化学性质，利用还原法，将六价铬还原为三价铬，使其沉淀并固定。

　　目前有多种技术可用于各类铬污染的治理，并得到应用。但每种技术都有其各自的局限性，需要在特定的条件下实现。因此，没有一种技术可以普遍适用于各类铬污染的治理。在发生铬污染时，需要根据污染物主要成分，结合发生铬污染的介质特点、环境条件选择适当的处理、处置技术[7]。

　　针对铬污染的介质类型，可将铬处理技术分为：含铬水处理技术、铬渣无害化处理技术以及铬污染土壤和地下水的修复技术。

2.1　含铬水处理技术原理

2.1.1　化学沉淀法

2.1.1.1　溶解平衡

　　化学沉淀法除铬的基本原理是化合物的溶解平衡。根据溶解平衡，可通过改变溶液中某种离子的浓度大小，使其达到平衡。如果继续投加该种离子，即可使另一种离子以沉淀形式去除。

溶度积是用来描述一种化合物溶解平衡的平衡常数。对于化合物 A_zB_y 的溶解平衡，如式（2-1）所示：

$$A_zB_{y(S)} \rightleftharpoons zA^{y+} + yB^{z-} \qquad (2-1)$$

溶度积 K_{sp} 如式（2-2）所示：

$$K_{sp} = [A^{y+}]^z[B^{z-}]^y \qquad (2-2)$$

一般情况下，化学沉淀处理都是针对低浓度条件下的难溶化合物，上式中假设溶液中各组分的活度系数均为 1，各组分直接用摩尔浓度计算（用[ ]表示）。

利用溶度积计算式可以从理论上对溶液是否产生沉淀进行计算：当 $[A^{y+}]^z[B^{z-}]^y < K_{sp}$ 时，不会产生沉淀；当 $[A^{y+}]^z[B^{z-}]^y = K_{sp}$ 时，溶液处于平衡状态；当 $[A^{y+}]^z[B^{z-}]^y > K_{sp}$ 时，将产生沉淀，沉淀后溶液中的 $[A^{y+}]^z[B^{z-}]^y$ 将恢复到 K_{sp}。

根据溶度积原理，水中难溶化合物中的某种离子（如 $BaSO_4$ 中 Ba^{2+}）的浓度，可以通过投加与之可以形成难溶沉淀物的另一种离子（如 SO_4^{2-}）来沉淀去除。

2.1.1.2　化学沉淀

使用化学沉淀法除铬时，利用投加一种金属离子使其与铬酸根结合形成难溶性盐，从水中沉淀分离出来。铬酸盐溶解沉淀反应如式（2-3）所示：

$$M_2(CrO_4)_y(s) \rightleftharpoons 2M^{y+} + yCrO_4^{2-} \qquad (2-3)$$

式中，M^{y+} 代表金属阳离子；相关铬酸盐的溶度积常数

$K_{sp}=[M^{y+}]^2[CrO_4^{2-}]^y$。

由式（2-3）可知：只要溶液中存在其他金属离子，并且其与铬酸根的离子积大于溶度积，则水中的六价铬可生成铬酸盐沉淀进而分离去除。因此，根据溶度积原理，结合铬酸的电解平衡，可以计算达到排放标准时所需投加的金属离子浓度。根据所需投加的金属离子浓度，综合分析水中酸碱度的影响及工程实际状况，即可得到化学沉淀法除铬工艺的可行性。

多数六价铬的化合物都是可溶的，部分六价铬能够与水中的金属离子形成难溶盐，这些难溶盐的溶度积如表 2-1 所示：

表 2-1　铬相关化合物溶度积[8]

铬价态	化合物	K_{sp}	pK_{sp}
三价铬	$CrAsO_4$	7.7×10^{-21}	20.11
	CrF_3	6.6×10^{-11}	10.18
	$Cr(OH)_3$	6.3×10^{-31}	30.20
	$Cr(NH_4)_4(ReO_4)_3$	7.7×10^{-12}	11.11
	$Cr(NH_4)_4(BF_4)_3$	6.2×10^{-5}	4.21
	$CrPO_4 \cdot 4H_2O$	2.4×10^{-23}	22.62
六价铬	$BaCrO_4$	1.2×10^{-10}	9.93
	$CaCrO_4$	7.1×10^{-4}	3.15
	$CuCrO_4$	3.6×10^{-6}	5.44
	$Dy_2(CrO_4)_3 \cdot 10H_2O$	1×10^{-8}	8.00
	$PbCrO_4$	2.8×10^{-13}	12.55
	Hg_2CrO_4	2.0×10^{-9}	8.70
	Ag_2CrO_4	1.1×10^{-12}	11.95
	$SrCrO_4$	2.2×10^{-5}	4.85
	Ti_2CrO_4	1.0×10^{-12}	12.00
	$Ag_2Cr_2O_7$	2.0×10^{-7}	6.70

由表 2-1 可知，虽然铬酸根可以和部分金属离子形成难溶性化合物，但是这部分金属离子，除钙外，本身也都是有毒、有害的重金属元素。因此，采用化学法除铬还需要考虑这些金属的来源以及防止生成二次污染。

此外，能否形成铬酸盐沉淀，不仅取决于水中总铬浓度和金属离子浓度，而且还受到水中 pH 等因素的影响。这是因为：一方面多数金属离子能形成难溶性氢氧化物，在水中优先生成氢氧化物沉淀，不与铬酸根反应；另一方面水的 pH 直接影响水中六价铬各组分的分布与比例，在溶度积平衡计算式中只以铬酸根的浓度进行计算，因此水的 pH 直接影响到沉淀反应。

铬酸的解离方程和解离常数如下所示：

$$H_2CrO_4 \rightleftharpoons H^+ + HCrO_4^- \quad K_1 = 9.55(pK_1 = -0.98) \tag{2-4}$$

$$HCrO_4^- \rightleftharpoons H^+ + CrO_4^{2-} \quad K_2 = 3.16\times10^{-7}(pK_2 = 6.5)$$

根据解离平衡，铬酸各离子在水中分布如下式所示：

$$CrO_4^{2-} = C_{T,Cr^{6+}}(\frac{K_1K_2}{K_1K_2 + K_1[H^+] + [H^+]^2}) \tag{2-5}$$

$$HCrO_4^- = C_{T,Cr^{6+}}(\frac{K_1[H^+]}{K_1K_2 + K_1[H^+] + [H^+]^2}) \tag{2-6}$$

$$H_2CrO_4 = C_{T,Cr^{6+}}(\frac{[H^+]^2}{K_1K_2 + K_1[H^+] + [H^+]^2}) \tag{2-7}$$

式中，$C_{T,Cr^{6+}}$ 为总六价铬的摩尔浓度。

在不考虑铬酸根和重铬酸根转化时，利用上述式子，可以计算在不同 pH 条件下，铬酸根、铬酸氢根和铬酸在总六价铬中的比例。所得结果见表 2-2。

表 2-2 在不同 pH 条件下各种六价铬离子在总六价铬中的分布比例

（理论计算值） 单位：%

pH	CrO_4^{2-}	$HCrO_4^-$	H_2CrO_4
3	3	96	1
4	22	78	0
5	73	27	0
6	96	4	0
7	100	0	0
8	100	0	0

由于铬酸解离第一步特别快，因此正常水体 pH 范围内主要存在 CrO_4^{2-} 和 $HCrO_4^-$，只有在酸性极强条件下才会存在 H_2CrO_4。当 pH<4 时，水体中以 $HCrO_4^-$ 为主，在中性及碱性环境中，六价铬在水中都是以 CrO_4^{2-} 形式存在。

此外，不同 pH 存在条件下，六价铬的两种存在形态 CrO_4^{2-} 和 $Cr_2O_7^{2-}$，可以相互转化：

$$2CrO_4^{2-}+2H^+ \underset{OH^-}{\overset{H^+}{\rightleftharpoons}} Cr_2O_7^{2-}+H_2O \quad K=1.2\times10^{14} \quad (2\text{-}8)$$

因此，在酸性条件下，六价铬溶液中，除了 $HCrO_4^-$ 外，还存在 $Cr_2O_7^{2-}$ 离子。

2.1.2 还原—沉淀法

2.1.2.1 铬及其化合物氧化还原电位

铬可以呈现出多种氧化态：+1、+2、+3、+4、+5、+6、0 价以及-2 和-1 价，其中以+3 和+6 价为主。一般铬在低价态（+2 价）时呈强还原性，在高氧化态（+6 价）时呈强氧化性。若以中间价态如+4 和+5 价存在，在溶液形成时，会很快地歧化变成+3 和+6 价。

在酸性条件下，六价铬具有很强的氧化性，可迅速被还原为三价铬。且三价铬极易同水中的氢氧根离子生成氢氧化铬[$Cr(OH)_3$]，$Cr(OH)_3$ 的溶度积常数 $K_{sp}=6.3\times10^{-31}$，在中性环境中，主要以沉淀形式存在。因此，可以利用还原—沉淀法，通过将六价铬还原为三价铬，后在中性及碱性条件下以沉淀形式去除。

2.1.2.2　还原—沉淀处理过程

在含铬废水处理过程中，可作为六价铬还原剂的有：SO_2、$FeSO_4$、Na_2SO_3、$NaHSO_3$ 和 $Na_2S_2O_3$ 等。还原—沉淀法是最早采用的一种比较简易、有效的处理含铬废水的方法，它也是目前应用较为广泛的含铬废水处理方法。还原—沉淀法具有投资小、运行费用低、处理效果好、操作管理简便的优点，因而得到广泛应用。在采用此方法时，还原剂的选择是至关重要的一个问题。

根据还原剂选择不同，可以将化学还原—沉淀法分为：硫酸亚铁—石灰法、二氧化硫—碱性沉淀法、铁氧化物法。各化学还原沉淀法的主要原理如下[33, 34]。

（1）硫酸亚铁—石灰法

在反应池中，于 pH2～4 的条件下，边搅拌边加入 5%～10%的 $FeSO_4$，使废水中的 Cr^{6+} 被还原成 Cr^{3+}；然后投加 $Ca(OH)_2$ 调 pH 至 8～9，使已被还原的三价铬生成难溶的氢氧化铬沉淀。该法的优点是药剂来源容易、方法简单、处理效果好；缺点是占地面积大、污泥体积大、出水色度高，适用于小厂。

其反应原理为：

酸化还原（pH：2～3）：

$$6FeSO_4+2H_2Cr_2O_7+6H_2SO_4 \longrightarrow Fe_2(SO_4)_3+Cr_2(SO_4)_3+7H_2O \quad （2-9）$$

碱化沉淀（pH：8～9）：

$$Cr_2(SO_4)_3+3Ca(OH)_2 \longrightarrow 2Cr(OH)_3\downarrow+3CaSO_4 \quad （2-10）$$

（2）二氧化硫—碱沉淀法

利用 SO_2 作还原剂，于 pH 2～6 的条件下，将废水的 Cr^{6+} 还原成 Cr^{3+}，再加入碱液生成难溶的氢氧化铬沉淀。该法设备简单、投资少、效果好、容易上手；但设备易腐蚀、密封不好时容易逸出 SO_2 气体而造成二次污染，并且该法只适用于 SO_2 气体或其废气来源方便的地方。

其反应原理为：

$$3SO_2+Cr_2O_7^{2-}+2H^+ \longrightarrow 2Cr^{3+}+3SO_4^{2-}+H_2O \quad （2-11）$$

$$Cr^{3+}+3OH^- \longrightarrow Cr(OH)_3\downarrow \quad （2-12）$$

（3）铁氧体法

向酸性的含铬废水投加废铁粉或硫酸亚铁，将 Cr^{6+} 还原成 Cr^{3+}；再加热、加碱、通空气搅拌，Cr^{3+} 便成为铁氧体的组成部分，转化成类似于尖晶石结构的铁氧晶体而沉淀。铁氧晶体是指由铁离子、氧离子及其他金属离子组成的氧化物。它是一种陶瓷性半导体，具有铁磁性。处理 $1\ m^3$ 含铬 50～100 mg/L 废水，可生成 0.3～0.6 kg 的铁氧体。该方法的处理效果较好、投资少、设备简单，且污泥可以综合利用，但是动力消耗大，不适用于处理低浓度废水。

2.1.3　吸附法

吸附也可以作为含铬废水的主要去除技术。但吸附的对象以三价铬为主，三价铬可被含铁、锰氧化物的土壤、黏土矿物和砂迅速吸附[35]。随 pH 的增大，相关吸附剂表面去质子化，能够促进对三价铬的吸附。此外，随土壤有机物增多，吸附位增加，三价铬吸附也增加。但是，当存在其他无机阳离子或溶解的配位体时，三价铬吸附减少。

　　虽然六价铬在水中易于迁移，但是在一些条件下，六价铬依然可被吸附。六价铬主要以 CrO_4^{2-}、$HCrO_4^-$ 和 $Cr_2O_7^{2-}$ 等离子形式存在，这些离子能够被铁、锰氧化物及氢氧化物（带正电荷的表面）、黏土矿物和胶体吸附。六价铬以阴离子形式存在，因此，随着 pH 的增大，由于吸着介质表面正电荷的减少，对六价铬的吸着也减小[35]。

2.1.3.1　活性炭吸附

　　活性炭吸附法是处理电镀废水的一种有效的方法，主要用于含铬、含氰废水。采用活性炭去除六价铬，既有吸附作用，也有还原作用，这两种作用随废水 pH 的变化而不同。在 pH 为 4～6 时六价铬主要以 $HCrO_4^-$ 及 CrO_4^{2-} 离子形态被活性炭吸附；当 pH<3 时，六价铬主要被活性炭还原成三价铬，三价铬几乎不被活性炭吸附，但可以通过沉淀去除。

　　（1）pH 为 4～6 时的作用原理

　　活性炭的表面存在大量的含氧基团。在 pH 为 4～6 时，由于含氧基团的存在，六价铬就被吸附在活性炭上。随着 pH 的上升，水溶液中的 OH^- 浓度增大，活性炭表面带负电，无法吸附六价铬的阴离子。当 pH>6 时，活性炭就对六价铬吸附能力下降，甚至无法吸附。但可以用此规律，利用碱性条件下实现对已吸附饱和的活性炭进行解吸，再生。

　　（2）pH<3 时的作用原理

　　在酸性条件下，六价铬具有极强氧化性，可被活性炭还原。此时，六价铬主要被还原为三价铬。其反应方程式为：

$$3C+2Cr_2O_7^{2-}+16H^+ \longrightarrow 3CO_2\uparrow+4Cr^{3+}+8H_2O \qquad (2\text{-}13)$$

　　按照上述机理，结合平衡移动原理，可以解释用活性炭处理含铬废水过程中的如下现象：①随处理量的增加，出水的 pH 将连续上升，出水的六价铬含量逐渐增多；②当用碱溶液解吸时，解吸的水中含六价铬，当酸溶液解吸时，吸附的水中含有三价铬等[33]。

2.1.3.2 生物吸附

生物体细胞壁表面的一些具有络合、配位能力的基团，如巯基、羧基、羟基等[36]，这些基团通过与所吸附的金属离子形成离子键或共价键来达到吸附金属离子的目的。与此同时，金属有可能通过沉降或晶体作用沉积于细胞表面，某些难溶性金属也可能被胞外分泌物或细胞壁的腔洞捕获而沉积。

生物积累主要是利用生物新陈代谢作用产生的能量，通过离子转移系统把金属输送到细胞内部。生物累积的去除效果比单纯的生物吸附好。但是，由于废水中要去除的离子大多是有毒、有害的重金属，它们会抑制生物的活性，甚至使其中毒死亡，并且生物的新陈代谢受温度、pH、能源等诸多因素的影响，因此生物积累在实际应用中受到很大限制。

生物吸附过程可以分为两个阶段：第一阶段与细胞代谢无关，为生物吸着过程。在此过程中，金属离子可能通过配合、螯合、离子交换、物理吸附及微沉淀等作用复合到细胞表面。在此阶段中金属和生物物质的作用较快。第二阶段为生物积累过程，进行得较慢，在此阶段中金属将被运送至细胞内。

2.1.3.3 其他材料吸附

吸附法可以有效去除废水中的铬。传统吸附剂（如活性炭等）虽然取材广泛，可大规模生产，具有较大比表面积和良好吸附效果，但往往存在价格高等缺点，且对于重金属吸附容量有限。因此为节约资金并充分发挥各类材料作用，不同材料被利用改性成吸附剂，用以吸附去除水中的六价铬。其他天然材料（包括黏土、泥炭、凋落物等）也被用于制造六价铬的吸附剂。这些低成本吸附剂难以再生，但可以在穿透以前就替换吸附剂，保证去除效果。不同吸附剂的吸附效果如表 2-3 所示，其中表中所给的是在试验条件下的吸附容量或吸附范围[6, 37]。

表 2-3　不同吸附剂对六价铬的吸附能力[8]

类别	吸附剂材料	吸附能力/（mg/g）	来源
壳聚糖	壳聚糖	27.3	Masri et al.，1974
黏土	硅酸钙粉尘	0.271	Panday et al.，1984
黏土	改性膨润土	57	Cadena et al.，1990
黏土	膨润土	0.512	Khan et al.，1995
椰壳纤维	椰壳	50	Manju and Anirudham，1997
生物质	霉菌	43	Sharma and Forster，1994
生物质	绿藻	162.23	Roy et al.，1993
生物质	秸秆	164.31	Roy et al.，1993
泥煤	泥煤	43.9	Tummavuori and Aho，1980
腐殖质	胡桃壳	1.33	Orhan and Büyükgüngör，1993
腐殖质	咖啡渣	1.42	Orhan and Büyükgüngör，1993
腐殖质	坚果壳	1.47	Orhan and Büyükgüngör，1993
腐殖质	茶叶渣	1.55	Orhan and Büyükgüngör，1993
腐殖质	土耳其咖啡	1.63	Orhan and Büyükgüngör，1993
腐殖质	锯屑	10.1	Bryant et al.，1992
沸石	沸石	0.42	Santiago et al.，1992
热解产物	热解轮胎	25.62～29.93	Hamadi et al.，2001
热解产物	热解锯屑	20.09～24.65	Hamadi et al.，2001
活性炭	卡尔冈 F400	19.13～26.25	Hamadi et al.，2001

2.1.4　其他处理技术

2.1.4.1　电解法

电解法是利用电化学反应的原理使电极与六价铬发生电化学反应而使污染物去除的方法。做法是向六价铬污染水体中加入适当食盐（NaCl），以铁为电极通直流电进行电解，经过一段时间后有氢氧化铬和氢氧化铁生成，过滤后可以达到去除污染物的目的。若加热溶液并通入空气也可生成铁氧体和铬铁氧体，用磁铁或电磁铁吸出以达除铬目的，其反应原理和方程式如下[33]：

阳极：$Fe - 2e^- \longrightarrow Fe^{2+}$

阴极：$2H^+ + 2e^- \longrightarrow H_2\uparrow$

溶液中的 $Cr_2O_7^{2-}$ 和 $HCrO_4^-$ 在亚铁离子的作用下发生氧化还原反应，生成三价铬和三价铁离子。由于 H^+ 不断转化，六价铬的还原反应也不断消耗溶液中的 H^+，因此氢离子浓度不断减小，pH 不断上升，溶液由酸性转为碱性，则溶液中的三价铬和三价铁转为沉淀，使铬除去。电解法一般适合处理六价铬浓度较高的废水，但是电解法成本较高，产生沉渣多，动力消耗也大[38]。

目前用于含铬废水处理的主要有腐蚀电池法和直接电解还原法：

（1）腐蚀电池法

腐蚀电池法是 20 世纪 70 年代末发展起来的一种处理技术[39]，主要是利用微电池的腐蚀原理，采用铁屑处理电镀含铬废水[33]。其处理原理如下：

1）吸附作用

烟道灰是由积炭粒子和一些矿物质构成的多孔颗粒状物质，其中积炭粒子是一些凝聚环系物质，但环上除氢原子以外，尚有一定数量的含氧基团（如羟基、羧基等），与活性炭的结构类似，它在水溶液中可以吸附 $HCrO_4^-$。

2）腐蚀原电池还原作用

由于铁表面的钝化作用，用纯铁屑还原 Cr^{6+} 的速度很慢。若在系统中加入烟道灰，则烟道灰首先吸附 Cr^{6+}，然后作为粉末电极与铁屑构成腐蚀原电池，其中铁屑被腐蚀，Cr^{6+} 在阴极被还原：

$$Fe - 2e^- \longrightarrow Fe^{2+} \text{（阳极）} \qquad (2-14)$$
$$Cr_2O_7^{2-} + 14H^+ + 6e^- \longrightarrow 2Cr^{3+} + 7H_2O \text{（阴极）}$$

形成腐蚀原电池后，Cr^{6+} 的还原速度大大加快。另外，电极反应生成的 Fe^{2+} 又可将溶液中未被吸附的 Cr^{6+} 还原为毒性较小的 Cr^{3+}，即：

$$6Fe^{2+} + Cr_2O_7^{2-} + 14H^+ \longrightarrow 6Fe^{3+} + 2Cr^{3+} + 7H_2O \qquad (2-15)$$

3）混凝作用

随着还原反应的进行，溶液的 pH 不断升高，反应产物 Fe^{3+} 和 Cr^{3+} 逐级水解，最终形成氢氧化物后被烟道灰混凝，通过固—液分离从溶液中除去。

（2）直接电解还原法

电解还原法除铬的主要作用是铁阳极在直流电作用下，不断溶解产生亚铁离子，在酸性条件下，将 Cr^{6+} 还原为 Cr^{3+}。由于废水中的氢离子不断减少，因此 pH 将不断上升，Cr^{3+} 在 pH 为 7～10.5 时同氢氧根离子结合成 $Cr(OH)_3$ 沉淀，从而抑制 pH 上升，并使废水中的铬沉淀分离出来。

电解法处理含铬废水的优点是效果稳定，操作管理简便，设备占地面积小，废水中的重金属离子也能通过电解有所降低；缺点是需消耗电能、钢材，运转费用较高。另外，为减少电能消耗，常把食盐加入废水中（用量 1 g/L 左右），以提高导电率，但同时也增加了水的含盐量，使废水不能循环使用，因此这种方法应用并不十分广泛。

含铬废水电解过程中产生的沉渣，主要成分是氢氧化铁和氢氧化铬，沉渣数量及其中所含金属铬比例，与电解过程中是否过电流运行有关，采用过电流运行时，沉渣量较大，所含金属铬比例较小。其电解反应为：

$$Fe - 2e^- = Fe^{2+}$$

$$6Fe^{2+} + Cr_2O_7^{2-} + 14H^+ \longrightarrow 6Fe^{3+} + 2Cr^{3+} + 7H_2O \qquad (2-16)$$

$$3Fe^{2+} + CrO_4^{2-} + 8H^+ \longrightarrow 3Fe^{3+} + Cr^{3+} + 4H_2O$$

随着废水中 H^+ 的消耗，OH^- 浓度升高，pH 升高，$Cr(OH)_3$ 沉淀析出。另外，采用不溶性阳极，使六价铬直接在阴极上电解还原的方法，是在电解镀铬的原理基础上发展起来的。电解槽的主电极是石墨，炭粒在电场作用下产生双极效应，炭粒之间形成一个个微电池。因此阴极面积大大增大，不仅能提高处理效果，而且能节省电能。

2.1.4.2 离子交换法

离子交换法既可以净化废水，又可回收废水中的有害成分。使用具有同铬酸根离子结合能力较强的官能团的树脂及具有同铬酸根形成络合体能力的官能团的螯合树脂，将铬酸根去除。在去除铬酸离子时，需要选择采用能耐铬酸氧化的树脂。最早的工业除铬装置，使用的是强碱阴离子交换树脂。对于含铬离子浓度较高的废水或者杂质较少的废水，利用树脂法可从这类废水中回收铬，达到再利用的目的。反应式：

$$2ROH + Cr_2O_7^{2-} \rightleftharpoons R_2Cr_2O_7 + 2OH^-$$
$$2ROH + CrO_4^{2-} \rightleftharpoons R_2CrO_4 + 2OH^- \tag{2-17}$$

当树脂达到饱和失效时，可用一定浓度的氢氧化钠溶液（一般用 8%～12%的 NaOH，用量为 2～3 倍树脂体积）对树脂再生，使树脂恢复交换能力。反应式：

$$R_2Cr_2O_7 + 2NaOH \rightleftharpoons 2ROH + Na_2Cr_2O_7$$
$$R_2CrO_4 + 2NaOH \rightleftharpoons 2ROH + Na_2CrO_4 \tag{2-18}$$

然后，用阳离子交换树脂，去除水中三价铬、铁、铜等金属离子使废水回用生产。如可用再生液 Na_2CrO_4 经过一个 H 型阳离子交换柱脱钠，即得铬酸。反应式为：

$$2RH + Na_2CrO_4 \rightleftharpoons 2RNa + H_2CrO_4 \tag{2-19}$$

当 H 型树脂饱和失效时，可用一定浓度的 HCl（一般用 4%～

6% 的 HCl，用量为 2～3 倍树脂体积）对树脂再生，恢复交换能力。反应式为：

$$RNa+HCl \rightleftharpoons RH+NaCl \qquad (2\text{-}20)$$

2.1.4.3　膜处理法

现代工业迫切需要节能、低品位原料再利用和能消除环境污染的生产技术，希望在对工业废水进行有效净化的同时，对废水中有价值的物质进行回收。膜分离方法在这方面具有明显的优越性。采用膜技术处理含铬废水不仅能够净化废水，也可以回收铬，并且具有分离效果好等优点，特别适合于处理低浓度的电镀液，是一项很有前途的分离技术。

2.1.4.4　离子浮选法

用浮选法把离子从溶液中分离出来的技术已有几十年历史。所谓离子浮选有两个概念，一种是加入与欲浮选出的离子电性相反的表面活性剂（捕收剂）到溶液中去，起泡后，表面活性剂与该离子发生反应，形成不溶于水的化合物附在气泡上，浮在水面形成固体浮渣，然后将固体浮渣和泡沫一起捕获进行分离；另一种是添加能和废水中被处理的离子形成配合物或螯合物的表面活性剂，使溶液气泡形成泡沫，被处理的元素富集于泡沫再进行分离。该方法的特点是可以从污染物浓度低的废水中有选择地回收各种无机金属离子。浮选法具有处理速度快、占地面积小及产生的污泥量小等特点。近年来，沉淀浮选法用于处理重金属废水被认为是一种较有前途的方法。

气浮法是代替沉淀法的新型固液分离手段，1978 年上海同济大学首次应用气浮法处理电镀重金属废水并获得成功。随后，因处理过程连续化，设备紧凑，占地少，便于自动化而得到了广泛的应用。气浮法固液分离技术适应性强，可处理镀铬废水、含铬钝化废水以及混合废水。

2.1.4.5　萃取法

溶剂萃取法具有高选择性及分离效率，可实现对被萃取物的回收，并易实现连续操作，因此受到了人们的重视。基于废物处理无害化、资源化的原则，选用磷酸三丁酯（TBP）—煤油溶液为萃取剂，采用溶剂萃取法于室温下处理含铬电镀废水，使出水实现了达标排放，同时有机相可于室温下用 Na_2SO_3 溶液进行反萃，反萃液经简单处理后可得到两种工业级化工原料 $Cr_2(SO_4)_3$ 和 Na_2SO_4，同时有机相即可再生循环使用。该处理方法简单，原料廉价易得，不需复杂的设备，投资小，易实现规模化处理。

2.1.4.6　蒸发浓缩回收法

此法是将含铬废水，在 100℃下蒸发浓缩，使六价铬浓度增加后回用。

2.1.4.7　生物化学法

生物化学法是近十年来出现的一种新型有效的废水处理方法。生物化学法是通过微生物—细菌的新陈代谢、生长繁殖将有害物质变成无害物质甚至有用物质的一种方法。目前可用于含铬废水处理的主要有硫酸盐还原菌、氧化亚铁杆菌等，它们的代谢产物 H_2S 和 Fe^{2+}可将六价铬还原为三价铬，进而通过沉淀等方式去除。此外，某些微生物（如活性污泥等）可以吸附或吸收水体中的铬，进而将铬富集到菌体内部，通过分离手段去除。

表 2-4　不同含铬废水处理方法比较[33]

序号	方法名称	基本原理	主要优点	主要缺点
1	铁氧体法	生成铁氧体沉淀后进行固液分离	生成铁氧体是最好的重金属固定方式，无二次污染之忧	耗能多，处理时间长，不适宜大水量处理

序号	方法名称	基本原理	主要优点	主要缺点
2	电解法	重金属离子与离子交换树脂发生离子交换反应	处理容量大,出水水质好,可回收水和重金属	树脂易受污染或氧化失效,再生频繁,操作费用高
3	吸附法	吸附剂活性表面通过物理化学效应吸附重金属离子	操作简单,处理效果好	再生困难,吸附容量限制,难以处理高浓度废水,常用于二次处理
4	还原沉淀法	将 Cr^{6+} 还原为 Cr^{3+} 后再进行中和沉淀	操作简单,处理效果好,药剂来源广泛	中和药剂耗量大,污泥须妥善处理以防二次污染
5	蒸发法	蒸发浓缩	工艺简单,浓缩废水和重金属可直接回收利用	耗能大费用高,杂质干扰大
6	离子交换法	重金属离子与离子交换树脂发生离子交换反应	处理容量大,出水水质好,可回收水和重金属	树脂易受污染或氧化失效,再生频繁,操作费用高
7	液膜法	流动载体络合和解络重金属离子,使重金属在内相溶液中富集	工艺设备简单,分离速度快,选择性高	液膜稳定性差,易产生二次污染
8	电渗析法	阳离子膜可通过阴离子,阴离子膜可通过阳离子,浓缩废水	操作简单,不产生废渣	预处理要求高,膜质量要求高,浓缩比有限
9	生物化学法	微生物通过静电吸附,酶的催化转化,螯合或络合,絮凝和包藏共沉淀等作用于重金属离子使得重金属离子沉集而净化废水	在低浓度下,重金属可被选择性地去除,处理效率高,投资少,运行费用低	试验论证阶段,由于已高度富集重金属的微生物易于释放重金属的不稳定性,还难以实现对重金属的稳定化处理

2.2 铬渣无害化处理技术原理

铬渣中的六价铬是造成环境污染的主要原因，因此，在铬渣中加入适量的还原剂，在一定条件下，将铬渣中的六价铬被还原为三价铬，称为铬渣的无害化处理。国内外对铬渣的无害化处理方法主要有以下 3 种方法：固化/稳定化、化学处理法和熔烧法[40]。

2.2.1 固化/稳定化

固化/稳定化技术是处理重金属废物和其他非重金属危险废物的重要手段。通常，危险废物固化/稳定化的途径是：①将污染物通过化学转变，引入某种稳定固体物质的晶格中；②通过物理过程把污染物直接掺入惰性基材中[41]。

固化：在危险废物中添加固化剂，使其转变为不可流动固体或形成紧密固体的过程。固化产物是结构完整的整块密实固体，这种固体可以方便的尺寸大小进行运输，而无须任何辅助容器。

稳定化：将有毒有害污染物转变为低溶解度、低迁移性及低毒性物质的过程。稳定化一般可分化学稳定化和物理稳定化。化学稳定化是通过化学反应使有毒物质变成不溶性化合物，使之在稳定的晶格内固定不动；物理稳定化是将污泥或半固体物质与一种疏松物料（如粉煤灰）混合生成一种粗颗粒、有土壤状坚实度的固体，这种固体可以用运输机械运至处置场。

到目前为止，已经得到开发和应用的稳定/固化技术主要包括以下几种类型：水泥固化、凝硬性材料固化、热塑性微包胶、热固性微包胶、大型包胶、自胶结固化和玻璃固化等。常用于铬渣处理的主要是水泥固化和玻璃固化。

2.2.2　化学处理法

化学处理法是通过破坏固体废弃物中的有害成分，或投放化学药剂将有毒的化学物质转化成无毒的形式，并确保无害化后的产物比起始化学物质的危害小且稳定，为废物在运输、焚烧和填埋前作预处理。

铬渣的化学处理方法有络合法和还原法。络合法是将铬渣与特定化学原料进行络合反应，形成稳定的络合物，使铬渣解毒后再作进一步处理。还原法是利用 SO_2、$NaHSO_3$、Na_2SO_3、$FeSO_4$、$FeCl_2$ 等药剂作为还原剂来还原六价铬。

2.2.3　熔烧法

熔烧法是将有毒物质在高温下通过添加助剂对六价铬进行解毒。铬渣的熔烧无害化处理技术主要有碳还原法、烧结矿法、干式还原法和旋风炉熔烧法。其中干式还原法是将铬渣与煤粉按比例充分混合后，密封焙烧，温度高达 900℃，以焙烧中产生的一氧化碳和氢气做还原剂对六价铬进行还原解毒，并在密封条件下水淬后形成玻璃体；或投加过量的硫酸亚铁与硫酸混合，以巩固还原效果，解毒后的铬渣可堆存或利用。

表 2-5　不同铬渣无害化方法对比[42]

方法	原理	应用实践	特点
固化法	将铬渣粉碎后加入一定量的 $FeSO_4$、无机酸和水泥，加水搅拌、凝固，使铬渣被封闭在水泥中，不易再次渗出	以水泥固化为主，也有少量沥青、石灰、粉煤灰和化学药剂的固化作用	该法需加入相当量的固化剂，经济效益差
干法	将粒度小于 4 mm 的铬渣与煤粉按 100∶15 的比例混合，在高温下进行还原焙烧，使六价铬还原成不溶性 Cr_2O_3	烧制玻璃着色剂、钙镁磷肥助溶剂、铸石和水泥等	可以得到有价值的产品，但处理成本高，吃渣量小，铬渣解毒较彻底

方法	原理	应用实践	特点
湿法	将粒度小于 120 目的铬渣酸解或碱解后，向混合液中加入 Na_2S、$FeSO_4$ 等还原剂，将六价铬还原成三价铬并生成 $Cr(OH)_3$ 沉淀	与呈还原性的造纸废液、味精废水联合运用，可以达到以废治废的目的	处理后的废水中铬浓度满足排放标准，但处理费用高，不宜处理大量铬渣

2.3 铬污染其他处理方法

2.3.1 物理处理法

铬的化学和生物处理，主要是将易溶且毒性较高的六价铬通过转化形成难迁移和毒性较低的三价铬。物理处理过程主要包括：① 转移，将六价铬从污染介质（如土壤和地下水）中转移处理；② 隔离，通过使用周围物理屏障原位处理污染物或在垃圾填埋场衬垫，实现将污染保存[7]。

物理拦截主要用于原位处理含铬污染物，通过修建各类不透水屏障或者与化学方法相结合，用于固定污染物。主要用于土壤和地下水修复。

物理拦截修复的优势是可以将污染物固定并拦截，但是由于往往存在水平和垂直方向的泄漏，因此还需要辅以其他处理措施，保证不污染周围环境。根据构筑物的类型可以将物理拦截分为两类：一类是构筑不透水的防水墙以隔绝污染源和地下水；另一类是通过构筑渗透反应格栅，利用在地下水的流动方向，将污染物迁移至处置带上，以处理含铬地下水。

不透水的物理拦截的示意图如下[43]：

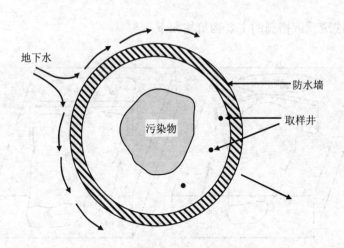

图 2-1　不透水防水墙截面示意

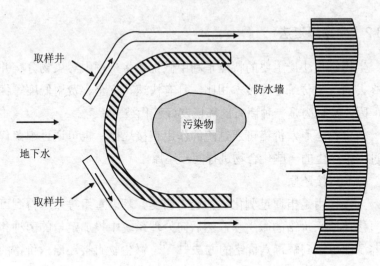

图 2-2　不透水防水墙截面示意

渗透反应格栅的主要构筑物如下：

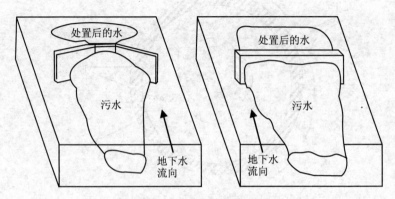

图 2-3   两种渗透反应格栅示意

2.3.2   生物修复法

生物修复法最主要的特点是利用微生物将土壤中污染物分解并最终去除。与传统处理技术相比，具有快速、安全、费用低廉等优点，因此被称为是一种新兴的环境友好替代技术。

微生物还原六价铬可通过酶的作用直接还原，也可通过细菌代谢过程中产生的一些化合物进行间接还原。

（1）直接还原

直接作用是指通过驯化、筛选、诱变、基因重组等技术得到可以直接还原六价铬的微生物，然后向处理系统中投加定量的菌种和营养源即可达到解毒六价铬的方法[44, 45]。微生物直接还原六价铬的原理见图 2-4 [46, 47]。

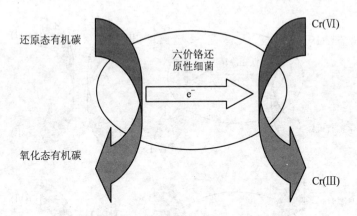

图 2-4　细菌直接还原六价铬的原理示意

（2）间接还原

间接作用的原理是基于细菌生命活动中生成的代谢产物与处理对象发生作用而达到目的，主要指微生物通过其代谢产物与六价铬的作用来还原六价铬[48]，如硫酸盐还原菌还原 SO_4^{2-} 产生的 S^{2-} 和异化型铁还原菌还原 Fe^{3+} 产生的 Fe^{2+}。在厌氧条件下，菌体通过氧化有机物将电子传递给 SO_4^{2-} 和 Fe^{3+}，产生六价铬还原剂 S^{2-} 和 Fe^{2+}[49, 50]，以下方程是其主要反应历程：

$$C_3H_5O_3^- + 4Fe(OH)_3 \rightarrow C_2H_3O_2^- + 4Fe^{2+} + HCO_3^- + 3H_2O + 7OH^- \quad （2\text{-}21）$$

$$3Fe^{2+} + HCrO_4^- + 8H_2O \rightarrow 3Fe(OH)_3 + Cr(OH)_3 + 5H^+ \quad （2\text{-}22）$$

还原过程见图 2-5。

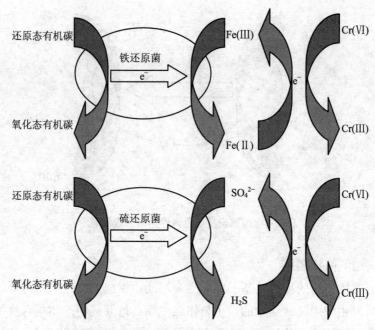

图 2-5　细菌间接还原六价铬的原理示意

第 3 章　河流突发铬污染事件应急处置技术

2011 年 6 月,云南省曲靖市陆良化工公司将总量 5 000 余 t 铬渣非法倾倒,威胁珠江源头南盘江水质安全。事件在网络上引发了网友的普遍关注,随后珠江沿江各城市都启动了相应的应急预案,密切监测水源铬浓度变化。曲靖市政府相关部门对倾倒在麒麟区和黑煤沟附近的铬渣进行清理,将其全部运至专门堆放点,并在黄泥堡水库建一座拦水坝拦截污水。事件造成曲靖麒麟区三宝镇、茨营乡、越州镇附近山区遭到铬污染,并导致牲畜中毒死亡[51]。

铬在国民经济发展中有重要作用,广泛用于工业生产,特别是冶金、电镀等行业,含铬产品的生产和使用过程会产生大量含铬废水和废渣。铬特别是六价铬对人体有极大危害,突发铬污染将可能会直接危害人体健康、破坏生态平衡,影响经济发展和社会稳定。因此,做好突发铬污染的防范,研究突发铬污染的应急处理、处置技术,对于保障人民生命财产安全,保护生态安全,维护社会稳定具有重要意义。

3.1　河流突发铬污染的来源

金属铬和铬盐作为重要的工业原料,是无机盐产品的主要品种之一,主要用于冶金、化工、电镀、制革、制药等行业,在国民经济建设中起着重要的作用。据商业部门统计,全国有 10%的商品品种与铬盐产品有关。

针对铬及其相关产品的生命周期分析可知，河流突发铬污染事件的可能污染源包括：①工业含铬废水未达标排放；②铬渣的违规堆放，经过雨水、径流淋洗后，其中可溶的六价铬随渗滤液进入水环境；③涉铬企业生产事故排放；④涉铬企业含铬消防废水排放；⑤交通运输事故造成含铬产品的泄漏。

近年来，铬突发污染事件层出不穷。2006 年 3 月，山西省原宁艾化工厂铬盐残留物渗漏和封存于后山旱池内的铬盐废渣泄漏，造成平定县锁簧镇官道沟村楼旮旯矿斜井井筒水（该水源为官道沟村人畜饮用水水源）受到污染，六价铬超标 24.8 倍，严重威胁饮水安全。

2006 年 3 月，广西省荔浦河扒齿断面（荔浦县与平乐县交界处）水质六价铬浓度发生异常（0.062 mg/L）。经初步调查，此次江河水质六价铬超标（超Ⅲ类水标准），是由于荔浦县电镀城内的电镀企业擅自拆除污水处理设施，污水直接排放江河所致。

2008—2009 年，五矿（湖南）铁合金有限责任公司非法转移含铬废渣共计 1.4 万余 t，运往湘潭地区 0.7 万余 t，双峰县境内 0.7 万余 t。事件造成湘潭和双峰县境内多个乡镇铬污染，其中双峰县梓门桥镇檀山坝村 7 口水井（涉及 240 人）和五矿（湖南）铁合金有限责任公司厂区内地下水受到严重污染，部分井水中六价铬含量达 22.57 mg/L，超过饮用水标准 450 倍，并致使个别村民中毒。

2011 年 6 月，云南省曲靖市陆良化工公司将总量 5 000 t 的重毒化工废料铬渣非法倾倒，导致珠江源头南盘江水质遭铬污染，并造成牲畜死亡，数万立方米水体污染，威胁珠江沿岸城市水源安全。同时，在其厂区外还露天堆放有 28.84 万 t 铬渣，而其中多数铬渣未经有效处理，且这个堆放处距南盘江只有一条土路之隔。

由上述突发铬污染事故分析可知：①目前突发铬污染事故的主要来源为未经有效处置的铬渣随意堆放和未达标的含铬废水违法排放；②铬具有急性毒性，饮用铬污染水体，可造成人畜死亡；③铬渣随意堆放可造成土壤和地下水污染，且铬渣数量巨大，因此污染面积大，可直接危害当地生态安全；④含铬废水进入水体后，将直接威胁饮用水安全，且铬的地表水和饮用水标准限值极低（0.05 mg/L），少量的铬污染便可产生极大危害，威胁社会稳定。

因此，在开展河流突发铬污染事件应急处置技术研究的同时，还需要研究突发铬污染事件的预防措施、铬污染水源的饮用水安全保障技术、铬污染土壤与地下水的修复技术。保障当地生态安全和居民身体健康。

3.2　河流突发铬污染事件的应急监测与污染评估

河流突发铬污染后，开展突发污染应急监测并对污染规模进行评估是实施应急处置工作的基础。因此，必须做好河流的应急监测，根据监测数据及其他信息评估污染团的规模和影响，并对污染团分布和位置随时间的变化进行预测，为应急处置提供信息支持。

3.2.1　应急监测

河流突发铬污染事件的后果严重，影响面广，处置艰难。监测工作对及时掌握污染情况，准确预测污染进程，正确实施污染控制措施，切实保障用水安全都非常重要。

由于监测结果将直接影响决策，影响事件的处置效果，在时间紧、任务重、持续时间短的情况下，在进行突发性水污染应急监测时，除常规的质量控制措施外，应根据其污染物特点在样品采集、分析测试和数据处理等方面加强监测的质量控制工作，采取一些有别于常规监测的质控方法，保证监测结果的时效性和科学准确性。

3.2.1.1　断面分类与采样点位置确定

样品的代表性直接关系到突发性河流铬污染应急监测工作的成

败。无论实验室检测仪器设备多好，检测结果多精确，检测质量控制得多好，如果采集的样品不符合要求，那么其他的一切都将无从谈起。所以，样品采集是整个监测过程最基本也是重要的一步。必须做好采样的质量控制，保证样品的代表性。

在确定和优化地表水监测点位时应遵循尺度范围的原则、信息量原则和经济性、代表性、可控性及不断优化的原则。总之，断面在总体和宏观上应能反映水系或区域的水环境质量状况。

断面位置应避开死水区、回水区和排污口处，尽量选择顺直河段、河床稳定、水流平稳、水面宽阔、无急流和无浅滩处。

监测断面力求和水文测流断面一致，以便利用其水文参数，实现水质监测和水量监测的结合。

（1）河流监测断面的设置方法

背景断面应能反映水系未受污染时的背景值。因此要求基本不受人类活动的影响，远离城市居民区、工业区、农药化肥施用区及主要交通路线。原则上应设在水系源头处或未受污染的上游河段，如选定断面处于地球化学异常区，则要在异常区上、下游分别设置。如有较严重的水土流失情况，则设在水土流失区的上游。

入境断面，即对照断面，用来反映水系进入某行政区域时的水质状况，因此应设置在水系进入本区域且尚未受到本区域污染源影响处。

控制断面用来反映某排污区排放的污水对水质的影响，因此应设置在排污区的下游、污水和河水基本混匀处。控制断面的数量、与排污区的距离可根据以下因素决定：主要污染区的数量及其间的距离、各污染源实际情况、主要污染物的迁移转化规律和其他水文特征等。

出境断面用来反映水系进入下一个行政区域前的水质，因此应设置在本区域最后的污染排放口下游，污水与河水基本混匀并尽可能靠近水系出境处。

为了掌握河流整体铬污染情况，判断污染团位置和污染范围，在上述断面设置的基础上，应根据当地环境和现场检测能力，科学合理设置监测断面，尽可能多地沿河流设置监测断面，掌握河流整体污染分布。

（2）采样点位的确定

在一个监测断面上设置的采样垂线数与各垂线上的采样点数应符合表 3-1 的要求。

表 3-1　采样点位的确定

采样垂线数的设置		
水面宽/m	垂线数	说明
<50	一条（中泓）	①垂线布设应避开污染带，要测污染带应另加垂线；②确能证明该断面水质均匀时，可仅设中泓垂线；③凡在该断面要计算污染物通量时，必须按本表设置垂线
50～100	两条（近左右岸有明显水流处）	
>100	三条（左、中、右）	
采样垂线上的采样点数设置		
水深/m	采样点数	说明
<5	上层一点	①上层指水面下 0.5 m 处，水深不到 0.5 m 时，在水深 1/2 处；②下层指河底以上 0.5 m 处；③中层指 1/2 水深处；④封冻时在冰下 0.5 m 处采样，水深不到 0.5 m 处时，在水深 1/2 处采样；⑤凡在该断面要计算污染物通量时，必须按本规定设置采样点
5～10	上、下层两点	
>10	上、中、下层三点	

（3）采样点位的管理

经设置的采样点应建立采样点管理档案，内容包括采样点性质、名称、位置和编号，采样点测流装置，排污规律和排污去向，采样频次及污染因子等。

3.2.1.2 水样采集与保存

（1）水样类型

表层水：在河流、湖泊可以直接汲水的场合，可用适当的容器（如水桶）采样。从桥头等地方采样时，可将系着绳子的聚乙烯桶或带有坠子的采样瓶投入水中汲水。要注意不能混入漂浮于水面上的物质。

一定深度的水：在湖泊、水库等处采集一定深度的水样时，可用直立式或有机玻璃采水器。这类装置是在下沉过程中，水就从采样器中流过。但达到预定的深度时，容器能够闭合而汲取水样。在河水流动缓慢的情况下，采用上述方法时，最好在采样器下系上适宜重量的坠子，但水深流急时要系上相应重的铅鱼，并配备绞车。

（2）注意事项

采样时不可搅动水底部沉积物；采样时应保证采样点位置准确；认真填写"水质采样记录表"；保证采样按时、准确、安全；采样结束前，应该对采样计划、记录与水样，如有错误或遗漏，应采取补采或重采；如采样现场水体很不均匀，无法采到有代表性的样品，则应详细记录不均匀的情况和实际采样情况，供使用该数据者参考。

考虑到突发性水污染的特殊性，采样的质量控制在执行常规质量措施的前提下，还应注意以下几方面：①合理调配采样资源，尽量配备有经验、对事发地情况较为熟悉的采样人员，使用性能良好的采样车船，简单容易操作的采样器具，质量稳定的样品保存剂等，保证在时间紧、任务重的情况下能及时到达采样地点顺利采样，并保证按规范保存样品及时进行检测。②保证重点采集平行样，提高平行样的采集率是保证采样质量的办法之一，在污染带的前锋和污染物浓度明显变化的时间及地点，提高平行样的采集率，而在污染物浓度相对稳定的时间和地点则可适当减少平行样的采集率，这样既不会过多地增加工作强度，又能保证重点，有利于提高监测质量。③注意样品的分类编码，实施突发性污染水污染应急监测时，由于采样时间紧迫、样品数量多、工作强度大、人员疲劳，在样品的流转过程中容易造成样品的混乱，必须做好样品的编码工作，防止发生样品混乱。

（3）水样保存

由于六价铬在酸性条件下易被还原为三价铬，因此样品久放，或处理不当则可能使其中某些组分浓度发生变化。

测定六价铬的水样应加氢氧化钠调至 pH 为 8，可以稳定保存 14 d；测定总铬的水样，则应加入硝酸或硫酸，调节水样 pH 至 1～2。

3.2.2　污染总量估算

估算污染总量是应急处置的基础。关于污染总量的估算有多种方式，在应急处置过程中，常见的主要有两种途径：①从污染源估算，通过污染源调查，获得排放数据，进行污染物总量估算。②通过检测河流中污染团的浓度与分布，结合水文特征，扣减河流背景值，得到污染的污染物总量。两者可以相互校验。

3.2.2.1　污染源估算污染规模

北江铊污染事件中，由于韶关冶炼厂使用了含铊矿石，导致出水存在铊，造成了北江铊污染。此次事件中，由于污染源明确，过程清楚，因此，污染源规模可以通过分析矿石中铊的含量、已使用含铊矿石的量、残渣中剩余的铊含量，估算排入北江的铊的数量。

具体过程如下：韶关冶炼厂从澳大利亚进口了一批矿石，含铊量较高，达到 100 mg/kg，远超过原有矿石含铊量约 3.5 mg/kg 的水平，从 2010 年 9 月 23 日开始使用这批矿石以来，至 10 月 19 日共产生铊约 400 kg，其中 100 kg 残留在废渣中，300 kg 随废水进入水体，造成北江上中游水体铊污染。

3.2.2.2 通过河流污染团浓度与分布估算污染规模

2005 年 11 月 13 日，吉林省吉林市的中国石油吉林石化公司双苯厂发生连续爆炸，导致了 100 t 苯类污染物倾泻入松花江中，造成长达 135 km 的污染带，给下游哈尔滨等城市带来严重的"水危机"。由于污染物随消防用水进入了松花江，因此无法通过污染源来准确估算污染浓度。但可以通过检测松花江中的污染团分布以及根据水文特征来大致估算污染规模。

在本次事件中，清华大学承担"松花江重大污染事件的生态环境影响评估与修复"课题，采用三种方法估算在硝基苯通过各断面的总量，分别为：实测浓度曲线积分法、断面浓度预测法、衰减系数预测法。在此基础上通过相互比较核对的策略，提高估算结果的可靠性。最终确定特征污染物硝基苯总量。

采用河流污染团浓度与分布估算污染规模时应注意合理评估因吸附和沉淀作用沉于底泥部分的污染物的含量与比例。

3.2.3 河流水质模型

污染团分布预测方法和污染团排放特征有关，不同污染源排放方式具备不同的分布特征。

污染物进入环境以后，有 3 种主要的运动形式：污染物随着环境介质流动，进行推流迁移运动；污染物在环境介质中的分散运动；污染物的衰减、转化。其中推流迁移只改变污染物的位置，而不改变其分布；分散作用不仅改变污染物的位置，还改变其分布，但不改变其总量；衰减转化作用能够改变污染物的总量。对于金属铬而言，其在河流中的衰减和转化，主要指铬在迁移过程中，颗粒态的铬或因吸附与化学作用而转移至底泥中。

现有常见的河流水质模型包括 QUAL-Ⅱ综合水质模型、WASP 模拟体系、BASINS 模拟体系、QTIS 模拟体系和 MIKE 模型体系等。

但这些水质模型往往需要复杂的河流水质、水文参数，难以在短时间内建立，因此对于突发污染污染物的分布和预测只能够依赖河流已有的水质模型。如果发生突发污染的河流没有现成的相应水质模型，那么只能够采用简单水质模型基本方程进行计算。

河流水质基本模型可根据河流情况分为零维基本模型、一维基本模型、二维基本模型和三维基本模型。

3.2.3.1　零维基本模型

零维基本模型基于在研究的空间范围内不存在环境质量差异，在空间范围内类似于一个完全混合反应器，浓度处处相等，主要用于湖泊和水库的水质模拟。对于突发污染而言，往往上游污染物浓度较高，并向下游迁移，因此零维基本模型不适用于河流，特别是发生突发污染后污染物分布的预测。

3.2.3.2　一维基本模型

一维基本模型指在一个空间方向上存在环境质量变化，即在一个方向上存在污染物浓度梯度的模型，可以通过推导一个微小的体积单元（六面体）的质量平衡过程得到一维基本模型。一维基本模型，相对简单，同时符合突发污染时污染物向下游迁移的状态，因此，可以利用河流水质一维基本模型来简单模拟河流中污染物的迁移。同时鉴于其假设条件，一维模型多用于较长而狭窄的河流水质模拟。

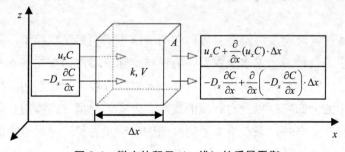

图 3-1　微小体积元（一维）的质量平衡

根据上述微小体积元质量平衡关系，可以得到如下关系式：

$$\frac{\partial C}{\partial t} = -\frac{\partial(UxC)}{\partial x} - \frac{\partial}{\partial x}\left(-D_x\frac{\partial C}{\partial x}\right) - kC \tag{3-1}$$

式中：$\dfrac{\partial C}{\partial t}$——系统内累积的量；

$\dfrac{\partial(UxC)}{\partial x}$——推流迁移引起的变化量；

$\dfrac{\partial}{\partial x}\left(-D_x\dfrac{\partial C}{\partial x}\right)$——分散作用引起的变化量；

kC——衰减转化引起的变化量。

其中河流的流速和弥散系数为常数时，可以将上式改写为如下方程：

$$\frac{\partial C}{\partial t} = -\frac{\partial(UxC)}{\partial x} - u_x\frac{\partial C}{\partial x} - kC \tag{3-2}$$

3.2.3.3 二维和三维基本模型

二维和三维模型与一维模型推导过程相似，如果在 x 方向和 y 方向存在污染物的浓度梯度，可以写出 x、y 平面的二维基本模型。二维模型主要用于宽的河流、河口的水质模拟。

如果在 x、y、z 三个方向上都存在污染物浓度梯度，则可以写出三维空间的环境质量基本模型。三维水质模型主要用于海洋水质模拟。

针对河流突发污染主要可以利用一维水质模型进行模拟，因此以下讨论仅针对一维水质模型。为指导实际应用，需要在基本模型基础上，得到其模型解析解，以便于可以比较容易地考察污染物在环境中的分布特征以及对环境的影响。但实际模型往往特别复杂，且只有在某些特定条件下如假定介质的流动状态稳定、污染物的排放符合某些特征时，才有可能获得解析解。

一维流场中的突发性排污的水质模型的解析解可以由下面推导得到。

1）忽略弥散作用，即 D_x 为零，可以得到如下形式：

$$\frac{\partial C}{\partial t} + ux\frac{\partial C}{\partial x} + kC = 0 \tag{3-3}$$

求解得到：

$$C(x,t) = C_0 \exp(-kt) = C_0 \exp(-\frac{kx}{u_x}) \tag{3-4}$$

由于不考虑弥散作用，污染物只是瞬间出现在河流的某一位置。

2）考虑弥散作用

根据模型形式：

$$\frac{\partial C}{\partial t} = D_x\frac{\partial^2 C}{\partial x^2} - ux\frac{\partial C}{\partial x} - kC \tag{3-5}$$

可以得到解为：

$$C(x,t) = \frac{u_x C_0}{\sqrt{4\pi D_x t}}\exp(-\frac{(x-u_x t)^2}{4D_x t})\exp(-kt) \tag{3-6}$$

其中起点浓度 C_0 可以写成如下形式：

$$C_0 = M/Q = M/(u_x A) \tag{3-7}$$

式中：M ——瞬时投放量，即污染物总量；

A ——河流断面面积。

对于重金属铬而言，假设其在河流中的衰减可以忽略，即 $k=0$，则河流下游断面的污染物浓度为：

$$C(x,t) = \frac{u_x C_0}{\sqrt{4\pi D_x t}}\exp(-\frac{(x-u_x t)^2}{4D_x t}) \tag{3-8}$$

在松花江硝基苯事件中，清华大学承担"松花江重大污染事件的生态环境影响评估与修复"课题，为预测污染物分布，满足应急决策时效性和可靠性要求，采用"边率定、边预测、再率定、再预测"的模拟策略，一方面提高了模拟效率，另一方面又可以保证模型预测精度的不断提高。

在模拟系统结构设计方面，针对应急状态和所能获得的数据支持，采取了"水文预报模型"加"松花江一维水质模型"再加"黑龙江二维水质模型"的模型组合方式，使整个模拟系统很好地实现了繁简结合。既提高了建模速度，取得了应急响应的宝贵时间，又保证了预测结果的科学合理性。模拟结果通过了后续实际监测数据的严格检验，充分证明了模拟系统的有效性和合理性。

3.3　河流中铬的迁移转化

在河流中，铬主要以三价铬和六价铬存在，两者比例由多种因素决定，包括氧化/还原反应、沉淀/溶解平衡、吸着/解吸平衡等[24]。

在河流中，三价铬可与有机物（如氨基酸、腐殖酸及其他酸）形成相应的络合物，从而使$Cr(OH)_3$沉淀减少。这些络合物中，三价铬大多被大分子有机物键合，三价铬的羟基络合物易被底泥等吸附，从而降低了三价铬在水中的流动性和生物活性。与三价铬络合物不同，六价铬所形成的基团，具有较好的溶解性，因此在河流中，六价铬化合物相对于三价铬具有较高的溶解度，易于迁移[7]。

3.3.1　河流中铬的价态转化

3.3.1.1　铬的氧化

在河流中，存在溶解氧、二氧化锰（MnO_2）、二氧化铅（PbO_2）等重要氧源。三价铬主要可被溶解氧和MnO_2等氧化[28]。

溶解氧能将三价铬氧化为六价铬，但反应速度慢，需要以月计的时间，特别是酸性环境比碱性环境更慢[52]。氧化速度如此之慢，以致被更快的其他效应（吸附或沉淀）掩盖。因此，河流中溶解氧将三价铬氧化是可忽略的。

二氧化锰是河流中三价铬的最主要的氧化剂，氧化过程主要伴随下式反应[35, 53, 54]：

$$2CrOH^{2+} + 3\delta\text{-}MnO_2 \rightarrow 2HCrO_4^- + 3Mn^{2+} \qquad (3\text{-}9)$$

3.3.1.2　铬的还原

在环境正常 pH 内，河流中最常见的铬为 CrO_4^{2-}、$HCrO_4^-$ 和 $Cr_2O_7^{2-}$ 离子，这些离子形成多种六价铬化合物。六价铬是强氧化剂，因此在存在还原剂条件下，这些六价铬化合物能迅速被还原为三价铬。而许多有机物、还原态的无机物都可充当这类还原剂，这些还原剂主要包括溶解的亚铁、含亚铁的矿物、硫化物和有机物[7, 55-57]。

此外，六价铬还可被生物过程还原，但亚铁等还原性无机物还原 CrO_4^{2-} 的速度比观察到的生物还原快很多。因此，当存在亚铁或硫化物时，化学还原是六价铬还原的主要途径。六价铬的还原存在于微生物好氧和厌氧过程中，但厌氧还原更常见。这类微生物对六价铬的还原机理尚不明确，但六价铬化合物可能作为细胞代谢的电子受体。

3.3.2　铬的溶解与沉淀

除了铬的价态转化，铬的溶解与沉淀也会影响铬在河流中的迁移转化。铬的沉淀与溶解主要受铬化合物的溶解度及动力学控制。

大多数水溶三价铬化合物未见天然存在，并且在环境中是不稳定的。三价铬主要以固体沉淀 $Cr(OH)_3$ 形式存在于河流底泥中，pH 为中性时，三价铬更易沉淀。

六价铬离子，CrO_4^{2-} 和 $Cr_2O_7^{2-}$ 在所有 pH 条件下均溶于水。尽管如此，CrO_4^{2-} 能与二价阳离子（如 Ba^{2+}、Sr^{2+}、Pb^{2+}、Zn^{2+}、Cu^{2+}）

形成不溶盐。CrO_4^{2-} 和 $Cr_2O_7^{2-}$ 与这些阳离子间的沉淀/溶解反应速度很快且依赖于 pH。

3.3.3　铬的吸附与解吸

三价铬能迅速吸附在土壤、黏土矿物和砂上，特别是含铁、锰氧化物的相关介质[58]。在河流中，因三价铬溶解度小，三价铬亦相对不迁移。如果存在配位体，三价铬可生成各类络合物，三价铬的吸着量减小，使三价铬可在环境中迁移。三价铬的主要无机配合物及其相关生成常数如表 3-2 所示。

表 3-2　三价铬配合物的累积生成常数[59]

铬价态	配位体	$logK_1$	$logK_2$	$logK_3$	$logK_4$
三价铬	氟化物	4.41	7.81	10.29	
	氢氧化物	10.1	17.8		19.9
	硫氰酸盐	1.87	2.98		

CrO_4^{2-} 和 $HCrO_4^-$ 能被锰、铝、铁的氧化物及氢氧化物（带正电荷的表面）、黏土矿物、天然固体和胶体吸附，转入底泥中[60, 61]。

3.4　河流突发铬污染事件处置技术筛选

3.4.1　河流突发铬污染事件处置技术筛选

根据铬的化学、物理性质，目前发展的针对含铬废水的处理技术主要包括化学沉淀法、化学还原—沉淀法、吸附法、离子交换、膜处理、生物修复等。由于水源突发污染往往具有时间短，污染浓度高，危害大等特点。因此，作为应急处理技术，在因地制宜、现场具备条件的情况下，应按照以下原则进行筛选：①处理效果显著；

②能够快速实施，易于操作；③费用成本适宜，技术经济合理；④无二次污染。

　　研究各类铬的废水和废渣处理方法基本原理，对比各类处理方法的优缺点和在河流应急处置中的适用性。在地表水及饮用水水源遭遇突发铬污染事件时，应选择可以快速实施并且具有良好效果的化学还原—沉淀法进行处置。

3.4.2　还原—沉淀技术原理

　　在酸性条件下，六价铬具有强氧化性，可通过在水中投加还原剂将六价铬还原为三价铬。由于三价铬的氢氧化物溶解度很低（K_{sp}=5×10^{-31}），在中性及碱性条件下，可形成 $Cr(OH)_3$ 沉淀从水中分离出来，出水满足排放标准要求。因此，还原—沉淀法的技术原理是利用还原性物质，将河流中存在的六价铬还原为三价铬，并在中性及弱碱性条件下转化为氢氧化铬沉淀，达到除铬目的。

3.4.2.1　还原

　　在不同介质中，六价铬还原为三价铬的标准电极电势如表 3-3 所示。

表 3-3　铬及其化合物电极电势

价态变化		电极反应	φ^0（V）	环境条件
酸性	Cr(VI)→ Cr(III)	$Cr_2O_7^{2-}+14H^++6e^- \rightleftharpoons$ $2Cr^{3+}+7H_2O$	1.33	
			1.15	4 mol/L H_2SO_4
			0.92	0.1 mol/L H_2SO_4
			1.03	1 mol/L $HClO_3$
		$HCrO_4^-+7H^++3e^- \rightleftharpoons$ $Cr^{3+}+7H_2O$	1.20	
			0.84	0.1 mol/L $HClO_4$
			1.08	3 mol/L HCl
			0.93	0.1 mol/L HCl
碱性	Cr(VI)→ Cr(III)	$CrO_4^{2-}+4H_2O+3e^- \rightleftharpoons$ $Cr(OH)_3+5OH^-$	−0.12	1 mol/L NaOH

由表 3-3 可知，在酸性条件下，六价铬还原为三价铬具有较高氧化还原电位，因此具有很强的氧化性。

同时，六价铬在水中主要以 $Cr_2O_7^{2-}$ 和 CrO_4^{2-} 形式存在，二者存在如下平衡关系：

$$2CrO_4^{2-}+2H^+ \underset{OH^-}{\overset{H^+}{\rightleftharpoons}} Cr_2O_7^{2-}+H_2O \quad K_{sp}=1.2\times10^{14} \quad (3\text{-}10)$$

因此，在酸性条件下，水中六价铬主要以 $Cr_2O_7^{2-}$ 形式存在。

3.4.2.2 沉淀

由于多数时候三价铬在天然水体中并不以游离形态存在，且三价铬的毒性相对于六价铬而言小很多，因此在铬应急处理过程中，主要针对六价铬。化学沉淀法除铬时，一般投加一种金属离子，使其与六价铬酸根结合形成难溶性盐，从水中沉淀从而分离出来。

采用还原沉淀法除铬时，主要将六价铬转为三价铬，部分三价铬化合物的溶度积常数如表 3-4 所示。其中氢氧化铬和磷酸铬的溶度积常数分别为 6.3×10^{-31} 和 2.4×10^{-23}，易于形成沉淀。

表 3-4 三价铬相关化合物溶度积

铬价态	化合物	K_{sp}	pK_{sp}
三价铬	$CrAsO_4$	7.7×10^{-21}	20.11
	CrF_3	6.6×10^{-11}	10.18
	$Cr(OH)_3$	6.3×10^{-31}	30.20
	$Cr(NH_4)_4(ReO_4)_3$	7.7×10^{-12}	11.11
	$Cr(NH_4)_4(BF_4)_3$	6.2×10^{-5}	4.21
	$CrPO_4 \cdot 4H_2O$	2.4×10^{-23}	22.62

利用三价铬在碱性条件下易形成氢氧化物沉淀的原理，将铬从水中去除。发生如下反应式。

$$Cr^{3+} + 3OH^- \rightleftharpoons Cr(OH)_3 \downarrow \qquad (3\text{-}11)$$

根据溶度积常数，结合溶度积常数计算公式，可以计算对应平衡浓度时，所需阴离子浓度。

目前我国地表水对三价铬浓度限值没有明确规定，多数六价铬的浓度限值为 0.05 mg/L（《生活饮用水卫生标准》和《地表水环境质量标准》）。虽然三价铬可在环境中稳定存在，但是存在于水体中的三价铬可在碱性条件下被空气中氧气氧化为六价铬。因此，为确保出水达标，需要控制出水三价铬浓度小于 0.05 mg/L，即 9.6×10^{-7} mol/L，则可以计算出水应保持的 pH。通过查找化学手册，可知氢氧化铬和磷酸铬沉淀的溶度积常数分别为：

$$K_{sp} = [Cr^{3+}][OH^-]^3 = 6.3 \times 10^{-31} \qquad (3\text{-}12)$$

$$K_{sp} = [Cr^{3+}][PO_4^{3-}] = 2.4 \times 10^{-23} \qquad (3\text{-}13)$$

根据溶度积常数，可以计算在满足出水要求条件下，需要维持的出水 pH 或者磷酸根浓度。

$$[OH^-] = \sqrt[3]{K_{sp} \Big/ [Cr^{3+}]} = \sqrt[3]{6.3 \times 10^{-31} \Big/ 9.6 \times 10^{-7}} = 8.7 \times 10^{-9} \text{ mol/L} \quad (3\text{-}14)$$

$$[PO_4^{3-}] = K_{sp} \Big/ [Cr^{3+}] = 2.4 \times 10^{-23} \Big/ 9.6 \times 10^{-7} = 2.5 \times 10^{-14} \text{ mol/L} \quad (3\text{-}15)$$

由上述计算结果可知，采用化学—还原沉淀法，去除水中六价铬，只需保持足够还原剂，将六价铬充分还原为三价铬，并且将出水调节为中性偏碱，或者通过投加磷酸根，生成磷酸铬沉淀。工程实践中，主要在六价铬充分还原为三价铬后，通过投加碱，将水体 pH 调至中性或碱性，实现将三价铬形成氢氧化铬沉淀去除。

3.4.3   还原剂选择

在含铬废水处理过程中，可作为六价铬还原剂的有：$FeSO_4$、Na_2SO_3、$NaHSO_3$、$Na_2S_2O_5$（焦亚硫酸钠）等。在来源稳定的前提条件下，选择除铬还原剂时需要综合考虑如下因素：去除效果、抗冲击能力（在不同 pH 等影响因素下的适用性）、还原剂价格[121, 122]。

在酸性条件下，各还原剂还原铬的反应方程式如下所示：

$$6Fe^{2+}+Cr_2O_7^{2-}+14H^+ \longrightarrow 6Fe^{3+}+2Cr^{3+}+7H_2O \qquad (3\text{-}16)$$

$$3SO_3^{2-}+Cr_2O_7^{2-}+8H^+ \longrightarrow 2Cr^{3+}+3SO_4^{2-}+4H_2O \qquad (3\text{-}17)$$

$$3HSO_3^-+Cr_2O_7^{2-}+5H^+ \longrightarrow 2Cr^{3+}+3SO_4^{2-}+4H_2O \qquad (3\text{-}18)$$

$$3S_2O_5^{2-}+2Cr_2O_7^{2-}+10H^+ \longrightarrow 4Cr^{3+}+6SO_4^{2-}+5H_2O \qquad (3\text{-}19)$$

还原后生成的三价铬离子，可通过投加石灰，生成氢氧化铬沉淀去除。

$$Cr^{3+}+3OH^- \longrightarrow Cr(OH)_3 \downarrow \qquad (3\text{-}20)$$

理论上，上述 4 种还原剂（$FeSO_4$：Na_2SO_3：$NaHSO_3$：$Na_2S_2O_5$）的用量（即加药比，还原剂与 Cr（Ⅵ）的质量比）依次为 8.77：3.6：3：2.74。但实际上，往往需要投加高于理论值的还原剂。

根据电化学反应的热力学原理，上述反应的吉布斯自由能变公式可以统一写成如下形式：

$$
\begin{aligned}
\Delta_r G_m(T) &= \Delta_r G_m^\Theta(T) + RT \ln \left(\frac{C_{Cr^{3+}}^{2a}}{C_{Cr_2O_7^{2-}}^{a}} \cdot \frac{C_{ox}^{b}}{C_{red}^{c}} \cdot \frac{1}{C_{H^+}^{d}} \right) \\
&= \Delta_r G_m^\Theta(T) + RT \left[\ln \left(\frac{C_{Cr^{3+}}^{2a}}{C_{Cr_2O_7^{2-}}^{a}} \right) + \ln \left(\frac{C_{ox}^{b}}{C_{red}^{c}} \right) - \ln \left(\frac{1}{C_{H^+}^{d}} \right) \right]
\end{aligned}
$$

式中：$\Delta_r G_m(T)$ ——标准吉布斯自由能变，对特定的反应方程式为定值，J；

C——平衡浓度，mol/L；

C_{ox}——还原剂的氧化态浓度，mol/L；

C_{red}——还原剂的还原态浓度，mol/L；

R——热力学常数；

T——热力学温度，K；

a、b、c、d——化学计量数。

当 $\Delta_r G_m(T) < 0$ 时，反应能自发进行，且此值越小，反应潜力越大。由上式可知，随着 pH 减小，C_{H^+} 浓度提高，$\Delta_r G_m(T)$ 越小。因此，在还原阶段，pH 越低，越有利于六价铬还原。

针对不同 pH 条件下，不同还原剂对六价铬的去除效果，进行研究，所得结果如图 3-2 所示[62]：

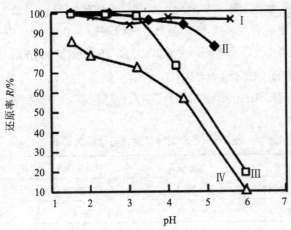

I FeSO$_4$，II NaHSO$_3$，III Na$_2$S$_2$O$_5$，IV Na$_2$SO$_3$

图 3-2　pH 对不同还原剂还原效果的影响

其中，Na_2SO_3 和 $Na_2S_2O_5$ 的还原效果随 pH 的变化幅度较大，从 10%到 99%。$NaHSO_3$ 和 $FeSO_4$ 对 pH 的适应能力较前两者强，并以 $FeSO_4$ 为最。在碱性条件下，Fe^{2+}、Fe^{3+}、Cr^{3+}、OH^- 等形成共沉体——铁氧体，加快反应进程。

表 3-5　还原剂在不同 pH 下完全反应所需时间　　单位：min

还原剂	pH<2	pH2～3	pH3～4	pH>5
$FeSO_4$	<1	5～15	15～20	>50
$NaHSO_3$	<1	5～15	15～20	>50
Na_2SO_3	<60	60～120	60～120	>120
$Na_2S_2O_5$	<60	60～120	60～120	>120

针对亚硫酸钠、亚硫酸氢钠和硫酸亚铁作为试验研究对象，在模拟水样初始 pH 下，通过平行试验选择除铬效果最好的还原剂。

向 200 mL 铬浓度为 5.0 mg/L 的模拟水样中分别投加 1.5 倍理论用量的三种还原剂（用量分为：亚硫酸钠 0.005 4 g、亚硫酸氢钠 0.004 5 g、七水合硫酸亚铁 0.024 1 g），还原反应 30 min，滴加理论用量 $Ca(OH)_2$ 浊液[$Ca(OH)_2$ 含量依次约为 0.002 1 g、0.002 1 g、0.008 5 g]沉淀 10 min，过滤后检测六价铬浓度，结果如表 3-6 所示。

表 3-6　还原剂种类对铬去除率的影响

还原剂	Na_2SO_3	$NaHSO_3$	$FeSO_4 \cdot 7H_2O$
出水浓度/（mg/L）	3.84	4.08	0.033
去除率/%	23.2	18.4	99.3

表 3-6 的结果表明，亚硫酸钠和亚硫酸氢钠对水样中六价铬的还原效果较差，铬的去除率分别只有 23.2%和 18.4%，处理后水样中

六价铬浓度远不能达到《地表水环境质量标准》中的相关要求。相比之下，硫酸亚铁的处理效果十分明显。所以，最终确定硫酸亚铁为还原—沉淀法的还原剂。

试验过程中选择 $FeSO_4$ 作为还原剂，同时硫酸亚铁在氧化后形成了 Fe^{3+} 能够产生混凝作用，有利于氢氧化铬沉淀的去除。

3.5 河流突发铬污染事件处置技术影响因素

3.5.1 pH

根据上述研究结果，可以得到如下结论，pH 在还原过程中对还原反应具有重要影响，不同 pH 条件下可能具备完全不同去除效果。

目前应用硫酸亚铁进行含铬废水的还原沉淀处理，一般做法是将废水调节成强酸性再进行还原处理。常规处理工艺将水体 pH 调节至 3 以下，目的是使六价铬由 CrO_4^{2-} 转化为 $Cr_2O_7^{2-}$，以提高氧化性，并具有较高的电势，从而有利于还原反应的进行。然而水体应急处理是不可能将水体调节至强酸性的，而且使用硫化亚铁做还原剂，无须强酸性环境还原反应亦可进行。因为，硫化亚铁做还原剂时，即使在中性甚至弱碱性条件下，六价铬也能被还原。下面从热力学的角度来解释在酸性和中性及弱碱性条件下硫酸亚铁还原六价铬的可能性。

1）酸性介质中，铬与铁的反应如下：

$$6Fe^{2+} + Cr_2O_7^{2-} + 14H^+ \longrightarrow 6Fe^{3+} + 2Cr^{3+} + 7H_2O \qquad (3\text{-}21)$$

标准电极电位：$E^{\theta} = 1.33 - 0.771 = 0.56V > 0$

2）中性和弱碱性介质中，铬与铁的反应如下：

$$6Fe(OH)_2+Cr_2O_7^{2-}+7H_2O \longrightarrow 6Fe(OH)_3+2Cr(OH)_3+2OH^- \quad (3\text{-}22)$$

标准电极电位: $E^\theta=1.33-(-0.56)=1.89V>0$

$$3Fe(OH)_2+CrO_4^{2-}+4H_2O \longrightarrow 3Fe(OH)_3+Cr(OH)_3+2OH^- \quad (3\text{-}23)$$

标准电极电位: $E^\theta=-0.13-(-0.56)=0.43V>0$

沉淀过程使用稍过量的氢氧化钙调节水体至弱碱性。还原反应产生的三价铬和三价铁在弱碱性条件下,转化为 $Cr(OH)_3$ 和 $Fe(OH)_3$ 而从水中除去。以实验投加铁的浓度计算,Fe^{3+} 在 pH>3 时便可形成沉淀。而由于 $Cr(OH)_3$ 为两性化合物,pH 过高,会导致 $Cr(OH)_3$ 沉淀再度溶解进入溶液,致使水体中总铬浓度有所增加;pH 过低则不能使 Cr^{3+} 沉淀完全。所以,为保证处理效果,同时考虑处理后水体的生态环境,沉淀过程氢氧化钙投加量以稍过量为宜,投加后保证处理水体 pH 在 7~8。

3.5.2 还原剂投加量

分别向铬浓度为 25.0 mg/L 和 50.0 mg/L 的模拟水样中投加不同用量的还原剂,还原反应 30 min 后,滴加理论用量的 $Ca(OH)_2$ 浊液,沉淀 10 min 后,过滤检测处理后水样中六价铬浓度。并多次重复试验,求取平均值[63]。所得结果见表 3-7。

表 3-7 还原剂用量对除铬效率的影响

水样浓度	还原剂倍数	Cr^{6+}浓度/(mg/L)					平均值/(mg/L)
25.0 mg/L 模拟水样	1	0.5	0.476	0.511	0.487	0.56	0.507
	1.05	0.363	0.314	0.361	0.349	0.368	0.351
50.0 mg/L 模拟水样	1	0.522	0.702	0.66	0.64	0.786	0.662
	1.05	0.385	0.435	0.428	0.405	0.372	0.405

由表 3-7 可知,还原剂的用量对六价铬的去除率有较大影响。

增加还原剂用量，处理后水样中六价铬浓度有明显降低趋势。

通过对比试验还可发现，使用相同倍数还原剂处理的不同浓度模拟水样，较低浓度的模拟水样可以得到更好的效果，即处理后水样中六价铬浓度更低。对于较低浓度的模拟水样，使用较少倍数的还原剂，即可达到较高浓度的模拟水样使用较多倍数的还原剂才能达到的处理效果。

3.5.3　还原时间

为研究还原时间对铬的去除效果的影响，开展如下试验：

1）向 100 mL 铬浓度为 5.0 mg/L 的模拟水样中投加 1.05 倍理论用量的硫酸亚铁，还原反应不同时间，滴加理论用量 Ca(OH)$_2$ 浊液 [Ca(OH)$_2$ 含量约 0.004 3 g]，沉淀 10 min，静置过滤后检测。

2）向 100 mL 铬浓度为 50.0 mg/L 的模拟水样中投加 1.05 倍理论用量的硫酸亚铁，还原反应不同时间后，滴加理论用量 Ca(OH)$_2$ 浊液 [含 Ca(OH)$_2$ 约 0.042 6 g]，沉淀 10 min，静置过滤后检测。

所得结果如图 3-3 所示[64]。

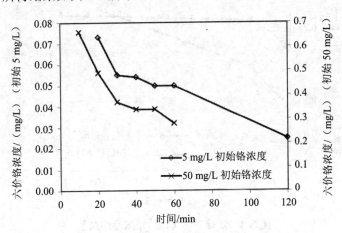

图 3-3　还原时间与六价铬浓度的关系

由图 3-3 可以看出，随着还原时间的延长，出水中六价铬的浓度整体呈下降趋势。30 min 后，下降趋势比较缓慢。考虑到应急处理的现场环境，自然水体（如江、河等）具有流动性。因此，还原时间不宜过长，以防止药剂大量扩散和已加药水团远距离移动。综合考虑，还原反应时间确定为 30 min。

3.5.4 沉淀时间

为研究沉淀时间对铬的去除效果的影响，开展如下试验：

1）向 500 mL 铬浓度为 5.0 mg/L 水样中投加 1.05 倍理论用量的硫酸亚铁，还原反应 30 min，滴加理论用量 $Ca(OH)_2$ 浊液[$Ca(OH)_2$ 含量约 0.021 3 g]，沉淀不同时间，检测出水中六价铬浓度。

2）向 500 mL 铬浓度为 50.0 mg/L 水样中投加 1.05 倍理论用量的硫酸亚铁，还原反应 30 min，滴加理论用量 $Ca(OH)_2$ 浊液[$Ca(OH)_2$ 含量约 0.213 0 g]，沉淀不同时间，检测出水中六价铬浓度[62]。

所得结果如图 3-4 所示。

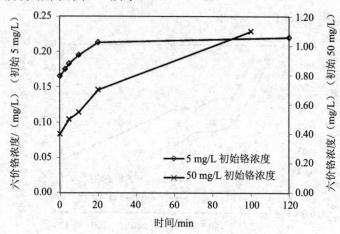

图 3-4　沉淀时间与六价铬浓度的关系

由图 3-4 可知，随着沉淀时间的延长，出水中六价铬浓度呈上升趋势，且与较低浓度模拟水样相比，高浓度模拟水样经沉淀处理后铬浓度上升趋势更为明显，浓度的增加值更大。水中铬浓度上升的原因主要有两种：①在弱碱性环境下，水体中未沉淀的微量三价铬被空气中的氧气氧化为六价铬；②氢氧化铁沉淀对水体中未还原的六价铬吸附后进行了脱附。其中，可能后者为主要原因。

因此，为了准确考察还原沉淀法的处理效果，需长期跟踪监测处理后水样中六价铬浓度的变化情况。

3.5.5　应急除铬技术稳定性研究

3.5.5.1　处理出水浓度变化

为研究还原—沉淀法除铬的稳定性，采用还原沉淀法处理含铬废水，此后，连续监测经处理后含铬废水中上清液的铬浓度，绘制铬浓度随时间变化曲线。所得结果如图 3-5 所示。

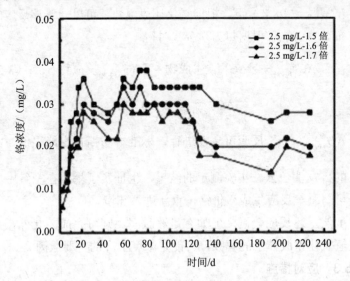

图 3-5　铬浓度为 2.5 mg/L 的水样还原沉淀处理后铬浓度随时间的变化

由图 3-5 可知，还原沉淀法可以有效除铬，可以使原浓度为 2.5 mg/L 的含铬废水处理后浓度小于 0.01 mg/L。但是随着时间的延长，上清液中铬浓度会逐渐上升，以致超过环境标准限值。因此需要综合分析铬浓度上升原因并研究其应对措施。

3.5.5.2 原因分析

水中六价铬浓度上升的原因主要有两种：一是在弱碱性环境下，水体中未沉淀的微量三价铬被空气中氧气氧化为六价铬；二是氢氧化铁沉淀对水体中未还原的六价铬吸附后进行了脱附[65]。

废渣的主要污染成分是 $Cr(OH)_3$，当其裸露于空气中，在碱性条件下，能被空气中的 O_2 氧化，使其氧化转变为六价铬，溶入水体中。其结论可用化学热力学方法予以验证。假定反应成立，则反应方程式为：

$$4Cr(OH)_3 + 3O_2 + 8OH^- = 4CrO_4^{2-} + 10H_2O \qquad (3-24)$$

在常温（298 K）下，根据氧化还原电势，可以计算该反应的标准吉布斯自由能。根据热力学公式可得：

$$\Delta G_{f(298)}^{\ominus} = \sum \Delta G_{f(298)}^{\ominus} 生成物 - \sum \Delta G_{f(298)}^{\ominus} 反应物 \qquad (3-25)$$

$$\Delta G_{f(298)}^{\ominus} = -2\,180.3 \text{ kJ}$$

$\Delta G_{f(298)}^{\ominus} < 0$，反应可自发进行，标准吉布斯自由能很低，故其反应的自发性较强。实验测定的结果，也证实了暴露在空气中的污泥仍可与氧气反应生成六价铬，重新进入环境。

虽然上述反应较慢，但如有足够时间，则可完成。此外，六价铬在氢氧化铁胶体上的解吸，可能是浓度上升的主要原因。

3.5.5.3 应对措施

从还原—固液分离法基本原理可以看出，无论污泥还是上清液中的三价铬之所以能被 O_2 氧化成六价铬，根本原因在于三价铬处在碱性介质条件下，如果分别改变污泥和上清液介质的酸碱度，则三价铬不能转变为六价铬。据此，污泥存放和上清液排放前，应将其调为酸性。但这种方法可能会导致已经沉淀的氢氧化铬和氢氧化铁絮体重新溶解进入水体中，因此并不可取。

此外，还可以将沉淀后的氢氧化铬和氢氧化铁沉淀去除，从根本上杜绝铬重新溶入的可能性。

3.6　应急除铬工艺过程

还原沉淀法是最早采用的一种比较简易、有效的处理含铬废水的方法，同时也是目前应用较为广泛的含铬废水处理方法。根据上述研究结果，当采用 $Na_2S_2O_5$ 和 Na_2SO_3 等作为还原剂时，应先控制原水 pH 为酸性（pH 为 2～4），并在酸性条件下投加还原剂，将 Cr^{6+} 还原成 Cr^{3+}，然后再加入石灰或氢氧化钠，使其在 pH 为 8～9 时生成氢氧化铬沉淀，从而去除铬离子；沉淀物须进行脱水和进一步处理。化学还原沉淀法的基本工艺（见图 3-6）。①通过投加酸，调节受污染水为酸性；②加入还原剂，充分还原，将水中的六价铬转化为三价铬；③在沉淀池中，使用石灰或其他强碱，将出水条件调节为中性偏碱性，使还原后的三价铬生成氢氧化铬沉淀去除；④沉淀后的含铬废渣需要进一步处理，防止产生二次污染。

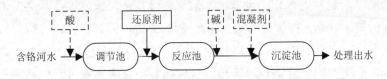

图 3-6　化学还原—沉淀法工艺流程

由上述工艺流程可知，采用 $Na_2S_2O_5$ 和 Na_2SO_3 等作为还原剂时，为了将六价铬转化为三价铬，需要将原水 pH 调节至 2～4，并在反应结束后，需要将原水 pH 调节至中性偏碱性（pH 为 8～9），因调节幅度较大，需要使用大量酸碱，同时可能造成当地生态灾害。因此，不能够在河流中直接开展上述工艺，但可通过处理构筑物，引入受污染水体，调节 pH，进行处理。因此，该工艺仅适用于流量较小且铬污染浓度较高的河流的应急处理。

采用硫酸亚铁作为还原剂时，硫酸亚铁还原六价铬具有较大的 pH 适用范围，可不调节 pH，在中性条件下直接实施，但需较长的反应时间。因此，对于河流突发铬污染应选用硫酸亚铁作为还原剂，保证反应时间，并按照下列工艺（见图 3-7）进行处理。在处置前需取原水开展可行性试验研究。

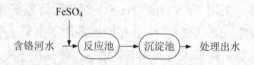

图 3-7　硫酸亚铁还原沉淀法工艺流程

3.7　河流应急除铬技术要点与实施

针对河流突发铬污染事件的应急处置，主要存在以下困难：①河流缺乏水处理相关设施；②河流环境复杂，水量大；③突发事件污染浓度高，持续时间短；④污染物转入底泥，将造成二次污染，危害生态安全。因此，在事故发生后，可以将处置过程分为 3 个阶段，分别为应急除铬技术实施前、应急除铬技术实施过程以及应急除铬技术实施后。

3.7.1　应急除铬技术实施前

鉴于河流突发铬污染的应急处置存在各类困难以及应急处理技术难以实施的问题，在开展河流突发铬污染应急处置前，应切断污染源，防止污染物进入河流，特别是进入主要河流，以免扩大污染范围，造成恶劣影响。同时，应及时开展应急监测，掌握污染范围、污染总量和污染团浓度。

2011 年，曲靖市因非法堆放铬渣，导致珠江上游遭受污染。但由于发现及时，通过采取转移污染源、落实处置措施，有效防治污染团进入珠江干流，保障了珠江下游沿江城市的生态安全和饮水安全，防止了污染扩散和事态恶化。因此，在污染事故发生后，首先应根据污染现状，采取有效措施，截断污染源，防止污染规模扩大，将污染限定在有效空间和时间范围内，以便于后续处置。

当污染物不可避免地已经进入河流，造成河流水质超标时，应根据水质超标的范围及当地的水文条件，首先考虑能否通过截留、调水稀释以及推流入海等水利调度途径解决污染问题。如果能够结合当地水文条件，采取水利措施解决污染问题，则应优先采用水利措施。只有在污染严重，且无法通过水利措施解决污染问题时，才考虑使用应急除铬工艺。

2011 年 6 月 4 日晚，一辆装载有化学品苯酚的槽罐车在杭州建德洋溪大桥路段发生泄漏，20 t 苯酚随暴雨流入饮用水水源一级保护区富春江水库，造成新安江、富春江以及钱塘江部分河段苯酚超标。事件发生后，当地及时截断污染源，采取有效措施，保障饮用水安全。同时，根据污染特点以及当地水文和地理条件，加大新安江水库下泄水量，下泄流量从每秒 268 m^3 增至 1 230 m^3。将受污染水体推流入海，更新沿江水质，保障当地水源安全。

采取水利措施时，应充分考虑水利措施可能带来的潜在生态危害，特别是通过推流等方式将污染水团推移至下游最后进入海洋中，应考虑污染可能对沿岸带来的环境风险，制订相应方案，防止发生二次污染。

3.7.2　应急除铬技术实施过程

针对河流突发铬污染事件的处置，在去除河流水体中污染物的同时还需防止污染物转入底泥，成为新的污染源。所以，在处置过程中，需因地制宜，根据实际情况来采取合理处置措施。为满足应急处理需要，对应急处理技术要求如下：①处理效果显著；②能够快速实施，易于操作；③不会对生态环境造成二次污染；④费用成本适宜，技术经济合理。

综合考虑各类除铬技术，应选用还原沉淀法作为河流应急除铬技术。技术要点如下：①采用硫酸亚铁作为还原剂，可在中性或弱酸性条件下开展处置工作；②需根据原水水质开展试验研究，确定最佳工艺参数，包括反应时间、反应所需 pH 以及对铬的去除率；③ 需因地制宜，尽可能不调节原水 pH，尽可能将含铬底泥控制在小范围内便于后期处置。

针对地表水突发铬污染的应急处理技术，根据上文分析，可以采用化学还原沉淀法处理处置。工艺实施和工艺特点同饮用水应急除铬技术。但由于地表水往往具有水量大、污染浓度高、污染时间短和无固定处理处置设施等问题。因此，当河流发生突发铬污染时，应根据河流特点和污染情况，因地制宜地合理采取处理处置措施，将含铬污染物去除，保障当地生态安全和人民生命财产安全。

此外，在处置技术实施前，应开展应急监测，并根据污染发生的时间、污染浓度、污染规模和当地的水文条件，估算污染的峰值、污染团的位置以及受污染地区的范围。结合实际条件，因地制宜地采取处置措施，对污染团进行削峰。并针对当地具体环境条件，有选择地开展应急处置措施。

（1）可构筑反应池的现场应急处置

如果突发污染河流流量较小，那么在处理时，可以在污染范围内截断水流，构筑反应池，将被污染水源引入处理地段，通过在进水口处投加亚铁盐还原剂，充分接触反应后，在中性偏碱条件下，絮凝沉淀，待完全沉淀后，排出已经去除污染物的上清液，保障下游河段生态环境安全。

在处理之前，应该开展试验研究，分析硫酸亚铁等还原剂在原水条件下对污染物的去除效果，主要考虑原水中的氧化还原电位、pH，以决定还原剂的投加量。如有需要则应搭建 pH 调节设施，调节原水 pH（还原反应阶段调节 pH 至酸性，沉淀阶段调节 pH 至中性偏碱），以保障去除效果。

处理之后，应将反应和沉淀池中含有污染物的底泥挖除，妥善处理，避免发生二次污染。

（2）不可构筑反应池的现场应急处置

对于水量大且无法构筑临时处理设施的河流，可以先对原水开展试验研究，分析硫酸亚铁在原水条件下对铬的去除效果，并根据试验结果，制订处置方案。

在处置过程应充分利用沿江、沿河电站和水库等人工构筑物，通过投加硫酸亚铁、石灰和混凝剂等药剂，将六价铬还原并和混凝剂发生共沉淀，在平缓段转入底泥中。待污染过后，可利用水流、泥沙输移等方式将底泥的污染物缓慢释放，在标准范围内迁移至海洋，如果污染物浓度较高且分布集中，有条件时，可采用挖除底泥等方式将污染转移并处置，以免渗入地下造成土壤和地下水污染。

在采用应急除铬技术处理时，应结合当地水文条件，在污染物削峰后，可采取在上游加大流量，对污染进行稀释，保证水质满足相关地表水水质标准要求。

3.7.3　应急除铬技术实施后

应急除铬技术实施后，应及时处置除铬过程产生的含铬污泥，防止发生二次污染。对于在河道内直接开展除铬工艺无法及时处理含铬污泥的应密切监测下游河水中铬的浓度变化，防止铬从稳定态的污泥中重新溶解进入水体中。

此外，处置结束后，还应针对处置过程中投加的药剂、处理后的底泥开展环境影响评价，并对整个污染事件的环境影响进行评估。必要时应对受污染土壤、底泥和地下水进行生态修复。

3.7.4　应急除铬过程的其他注意事项

在上述做好应急监测、污染源控制、河流污染处置的同时，还应注意以下方面：①处理过程中，应首先保障当地群众饮水安全。采取切换水源、科学调度、应急处置等措施，保障水质，维护社会稳定，防止发生群体性事件。②在应急处置过程中，应做好对群众的宣传和解释工作，以免造成恐慌。③切实维护群众利益，在河流沿岸及可能受到污染的地方设置警示标识，告知暂停汲水使用，对沿岸受污染的居民提供安全饮用水，确保当地社会稳定。防止人畜受到伤害，并对群众损失进行补偿。④明确责任主体，加强监管，防止类似事情的发生。

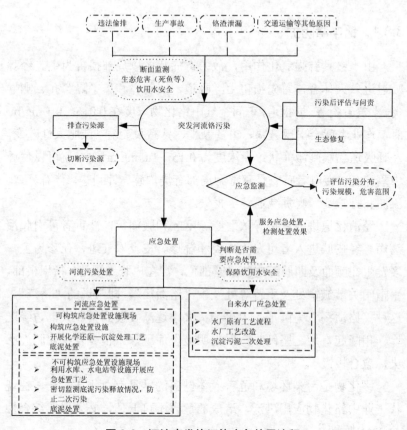

图 3-8　河流突发铬污染应急处置流程

3.8　铬中毒防治

　　由于铬是人体必需元素，因此通过正常渠道摄入的铬并不会对人体健康造成危害。造成铬中毒的主要原因是在高含铬工作场所工作或者长期摄入因环境污染或地质因素引发的铬超标的饮用水或食物[66]。

3.8.1 铬中毒防护

由于铬具有强氧化作用，故中毒症状多以局部损害为主。经呼吸道进入人体者，首先损害上呼吸道，引起鼻和鼻中隔穿孔、咽喉炎、支气管炎等。据报道，车间空气中铬化物浓度在 $0.015 \sim 0.1$ mg/m³ 时，作业者就会出现鼻塞、声音嘶哑、鼻黏膜萎缩（或肥大性改变）及呼吸道黏膜刺激症状；当浓度为 $0.15 \sim 1.0$ mg/m³ 时，就可以使鼻中隔穿孔，接触者首先是感觉到局部有烧灼感、针刺感，伴有鼻塞、流涕和打喷嚏，嗅觉减退甚至丧失。

经消化道进入者可导致恶心、呕吐和腹痛等，严重者可引起溃疡病。经皮肤进入者可发生皮炎和湿疹。皮炎以红斑、丘疹为主，多发生在颜面及四肢等皮肤暴露部位，常在皮肤皱褶处、指甲根部、手指间关节皱褶处及手背等处发生"铬溃疡"，即常说的"铬疮"。这种"铬溃疡"为圆形，由火柴头大小逐渐发展到蚕豆大，边缘肥厚，稍隆起，触之坚硬，一般无明显炎症现象，很少发生化脓性感染，愈合极慢。

铬化物是污染环境和危害人体健康的常见有害物质之一，在现代工业中铬化物应用广泛，造成的危害不可低估，必须采取综合性的防治措施[67]。

①在不影响产品质量的前提下，应尽量以无毒或低毒物质代替有毒的铬化合物。

②生产中尽量采用自动化、密闭化和机械化操作，减少手工操作和与铬直接接触的机会。电镀槽应有抽气装置，电镀液的表面可放置泡沫塑料块、液体石蜡、磺化焦油、皂角液等，以抑制铬酸雾和减少酸雾逸散。

③铬化物作业车间应安装有效的通风排尘装置，使车间空气中三氧化铬、铬酸雾和重铬酸盐的浓度降至 0.1 mg/m³ 以下。

④加强个体防护、工作时穿防护服和戴口罩，鼻腔和手臂等易暴露部位涂用防铬软膏。工作结束后要彻底清洗。如皮肤有破伤，应在工作前包扎处理，防止污染。

⑤定期体检。对铬作业工人要定期进行健康检查，并摄 X 线胸片和做心电图检查。发现有萎缩性鼻炎、慢性咽喉炎、慢性支气管炎、肺气肿、哮喘、湿疹或有心肌损害者，则不宜从事铬化物作业[68]。

3.8.2　铬中毒治疗

如果出现铬中毒症状应该立即采取措施救治：

①清洗排毒。经呼吸道中毒者立即脱离中毒环境，移至新鲜空气处保持呼吸道通畅，必要时给予吸氧；皮肤污染应及时用清水或肥皂水清洗；口服中毒者立即用温水或 10%硫代硫酸钠或亚硫酸钠洗胃，然后予蛋清、牛奶或氢氧化铝凝胶保护上消化道黏膜；并给 50%硫酸钠溶液 60 mL 导泻，但腹泻已十分明显者不再予泻剂。

②解毒治疗。可用硫代硫酸钠 1～2 g 静脉注射，并可选用巯基类络合剂二巯丙磺钠或二巯丁二钠，以帮助络合铬盐排出，但有明显肾损害者应慎用或不用。发生化学性青紫者用小剂量亚甲基蓝治疗。

③对症治疗。呼吸道中毒可用 3%～5%碳酸氢钠液内加支气管解痉剂（如氨茶碱 0.25 g 等）和抗生素，重者加用糖皮质激素（如地塞米松 5 mg 等）做超声喷雾吸入，每 2 h 左右 1 次，每次 15～20 min，同时全身使用抗生素防治继发感染，用糖皮质激素缓解呼吸道刺激，发生喉头水肿者更应大量使用糖皮质激素，必要时作气管切开，还可用止咳定喘剂缓解咳喘；经口中毒应予补液，纠正电解质和酸碱平衡失调，并用抗胆碱药缓解和消除腹痛；发生休克者按内科治疗原则作抗休克处理；急性肾衰竭必要时作血液净化治疗；消化道失血量甚多者可予输血[3, 68]。

第4章　水源突发铬污染的饮用水安全保障技术

　　饮用水是人类赖以生存的物质基础，保障饮用水安全就是保障人类生存与发展的生命线。由于我国长期以来工业布局，特别是化工石化企业布局不合理，众多工业企业分布在江河湖库附近，造成水源水污染事故隐患难以根除。据国家环保总局调查，全国总投资近 10 152 亿元的 7 555 个化工石化建设项目中，81%布设在江河水域、人口密集区等环境敏感区域，45%为重大风险源。此外，由于化学品运输中的车辆超限超载现象严重，运输事故时有发生，易造成化学品的泄漏，污染水源。我国 2001—2004 年发生水污染事故 3 988 件，自 2005 年底松花江水污染事故发生后，国内又发生几百起水污染事故，其中多数是由工业生产和交通事故等突发性事件而引发的，且大多影响到饮用水水源[69]。

　　铬在国民经济发展过程中起重要作用，广泛应用于电镀、制革、冶金等行业，存在各类污染风险。同时，铬特别是六价铬对人体有毒害作用，各类环境质量标准及卫生标准都对铬的浓度严格规定了限值。因此，结合铬的性质，研究当水源突发铬污染时自来水厂的应急处理处置技术，对于保障饮用水安全，维护居民饮水安全和身体健康具有重要意义[69]。

4.1 自来水厂净水技术

给水处理的主要任务和目的是通过必要的处理方法去除水中杂质，以价格合理、水质优良、安全的水供人们使用，并提供符合质量要求的水用于工业生产。到 21 世纪初，饮用水净化技术已基本上形成了现在被人们普遍称之为常规处理工艺的处理方法，即混凝—沉淀或澄清—过滤—消毒。这种常规的处理工艺至今仍被世界大多数国家所采用，是目前饮用水处理的主要工艺[70]。

饮用水常规处理工艺的主要去除对象是水源水中的悬浮物、胶体杂质和细菌。混凝是向原水中投加混凝剂，使水中难以自然沉淀分离的悬浮物和胶体颗粒相互聚合，形成大颗粒絮体。沉淀是将混凝后形成的大颗粒絮体通过重力分离。过滤则是利用颗粒状滤料截留经沉淀后出水中残留的颗粒物，进一步去除水中杂质，降低水中浑浊度。过滤之后采用消毒方法来灭活水中致病微生物，从而保证饮用水卫生安全性[71]。

但随着环境质量恶化，重金属污染物、有机污染物等通过各类途径进入水源，常规处理工艺对有机污染物和重金属污染物的去除效果有限，因此在常规处理工艺基础上发展了深度处理工艺、预处理工艺和强化常规处理工艺。深度处理通常是指在常规处理工艺以后，采用适当的处理方法，将常规处理工艺不能有效去除的污染物或消毒副产物的前体物加以去除，以提高和保证饮用水水质。应用较广泛的深度处理技术有活性炭吸附、臭氧氧化、生物活性炭和膜技术等。预处理通常是指在常规处理工艺前面，采用适当的物理、化学和生物处理方法，对水中的污染物进行初级去除，同时可以为常规处理更好地发挥作用，减轻常规处理和深度处理的负担，发挥水处理工艺的整体作用，提高对污染物的去除效果，改善和提高饮用水水质。

当前，我国现有的自来水厂 95% 以上仍然采用的是常规工艺[72]，即混凝—沉淀—过滤—消毒，主要是应对浊度、细菌和病毒。鉴于目前多数自来水厂仍采用常规处理工艺，升级后的自来水厂也是在常规处理工艺基础上，增加预处理工艺或深度处理工艺流程。因此，饮用水应急除铬技术的研究和应用，主要是在常规处理工艺基础上，根据铬污染物的物化特征，改进工艺或增加预处理措施，从而实现对铬的去除。

4.1.1　常规处理工艺

4.1.1.1　混凝工艺

混凝工艺主要去除水中的悬浮颗粒、浊度和消毒副产物（DBPS）的前驱物质——天然有机物（NOM）。混凝的机理是：①双电层压缩；②因吸附作用使电荷中和；③拦截在沉淀物上；④因吸附形成颗粒间的架桥作用。铝盐或铁盐作为混凝剂时，主要机理是电荷中和与沉淀物拦截，后者称为沉淀絮凝。

混凝工艺对污染物的去除效果与混凝药剂品种、投加量、pH、搅拌程度、混凝剂和助凝剂投加顺序、原水特性等因素有关。快速剧烈的混合，有利于混凝药剂扩散和水中胶体的脱稳。现常用的混合设备有：水力隔板混合、水泵混合、机械混合、静态混合器、混合池、混合槽等。常用的混凝剂有：聚合氯化铝、硫酸铝、聚合硫酸铁、氯化铁等。

4.1.1.2　沉淀

沉淀工艺主要利用沉淀池，以去除混凝过程中产生的絮体颗粒。增大颗粒尺寸或减小颗粒沉降距离均可加速悬浮物的沉淀，前者取决于沉淀前的混凝效果，后者可用较浅的池来缩短沉降距离。

常用的沉淀池可分为平流沉淀池和斜管沉淀池。早先研究的高效率斜板/斜管沉淀池，可以增加出水量和提高水质，已在新建自来水厂和老自来水厂改造中大量应用。近几年来斜板沉淀有了新的发展，开发出效率更高的同向流斜板、迷宫式斜板、人字形短斜板等新型沉淀池。

4.1.1.3　过滤

在沉淀水过滤时一般采用单层砂油料，为了提高滤速和增加滤料截污能力，改用无烟煤、砂双层滤料，或用煤、砂、磁铁矿或石榴石三层滤料。也有用较粗的单层均匀滤料，滤层较厚。一些国家通过小型试验来选择合适的滤料品种及滤料级配。其决定因素除了进滤池的水质外，还取决于滤池反冲洗系统的形式、滤料供应情况和费用，以及滤池运转维护的要求等。

关于滤池的形式，先后开发的有单阀、双阀、无阀、鸭舌阀等滤池，虹吸滤池以及 V 形滤池。

4.1.1.4　消毒

目前可用于水厂消毒的消毒剂或消毒方式包括：氯、次氯酸钠、二氧化氯、氯胺、臭氧、紫外线等。其中氯和次氯酸钠是最常用的消毒剂。

氯和次氯酸钠消毒具有价廉、便于应用、适用性强等优点，氯消毒的特点是可以保持一定浓度的余氯，能在配水管网中持续杀菌，并提供监测依据。氯的缺点是它能与水中有机物起反应，形成氯代有机物，其中一些能引起臭、味等问题，另一些具有"三致"作用。

二氧化氯和氯胺中的一氯胺均是有效杀菌剂，能较好地保护配水管网免受污染。美国对饮用水中氯的浓度限值为 4 mg/L；二氧化氯及其消毒副产物浓度限值为：二氧化氯 0.8 mg/L，亚氯酸盐 2.0 mg/L，氯胺 4 mg/L。

臭氧是一种有效的消毒剂和不形成臭味物质的强氧化剂，而且能破坏原水中存在的许多臭味物质。不足之处是由于它的反应活性，必须在现场用电生产，耗能大，费用高，与氯相比缺少灵活性，不可能保持剩余臭氧，为此要在出厂水中加少量氯，保持管网中余氯。美国对臭氧消毒副产物限值为：溴酸盐 0.01 mg/L。

其他消毒措施，如紫外线，由于费用和设备方面问题，只能用于有特殊要求的小型给水系统中。

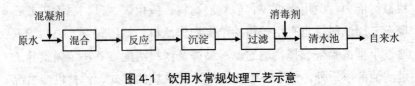

图 4-1　饮用水常规处理工艺示意

4.1.2　预处理工艺

预处理通常是指在常规处理工艺前面，采用适当的物理、化学和生物处理方法，对水中的污染物进行初级去除，同时可以使常规处理更好地发挥作用，减轻常规处理和深度处理的负担，发挥水处理工艺整体作用，提高对污染物的去除效果，改善和提高饮用水水质。目前常用的预处理工艺，根据其对污染物的去除途径可以分为氧化法和吸附法。

4.1.2.1　氧化法

氧化法可以分为化学氧化预处理和生物氧化预处理。化学氧化预处理技术是指依靠氧化剂的氧化能力，分解破坏水中污染物的结构，达到转化成分解污染物的目的。目前采用的氧化剂有氯气（Cl_2）、高锰酸钾（$KMnO_4$）、紫外线和臭氧等。

生物氧化预处理主要采用生物膜方法，利用生物去除水中的有机物（包括天然有机物和人工合成有机物）、氮（包括氨氮、亚硝酸盐氮和硝酸盐氮）、铁和锰等。常用的形式为淹没式生物滤池。

4.1.2.2　吸附法

吸附法主要通过在水源投加粉末活性炭，利用活性炭的吸附作用吸附去除水中微量有机物。吸附后的活性炭可通过混凝—沉淀—过滤过程去除。

预处理技术由于工艺简单，材料来源广泛，对污染物有良好的去除作用，可方便地同后续饮用水常规处理工艺结合。因此，预处理工艺常被用作面对突发污染的饮用水应急处理技术。其中氧化法可用于突发还原性污染物如氰化物、硫化物污染时的应急处理技术；吸附法可利用活性炭对微量有机污染物的高效吸附作用，可用于突发有机污染时的应急处理。

4.1.3　深度处理工艺

深度处理通常是指在常规处理工艺以后，采用适当的处理方法，将常规处理工艺不能有效去除的污染物或消毒副产物的前体物加以去除，提高和保证饮用水水质。应用较广泛的深度处理技术有：活性炭吸附、臭氧—活性炭工艺、膜处理技术等。深度处理在国外应用较广，我国尚处于起步阶段，大部分老水厂均未采用深度处理，只是部分新水厂采用了臭氧活性炭深度处理工艺。

深度处理工艺由于所需设备复杂，往往需要单独的构筑物，因此难以在突发污染发生后短期实现。因此，深度处理工艺不常用作水源突发污染的应急处理技术。但由于深度处理可以有效去除水中各类污染物特别是有机污染物，在水源日益恶化下，深度处理可以有效改善出水水质并增强水厂对污染的冲击能力。因此，深度处理工艺作为水处理工艺的重要组成部分，被越来越多的水厂采用。

4.2　水厂应急除铬技术

目前，我国主要水厂仍以常规处理工艺为主，对重金属六价铬的去除效果有限，因此需要在常规处理工艺基础上，通过强化预处理，改善水厂对铬的去除效果。

通过投加还原剂将六价铬还原为三价铬。由于三价铬的氢氧化物溶解度很低，$K_{sp}=5\times10^{-31}$，可形成 $Cr(OH)_3$ 沉淀物从水中分离出来。

硫酸亚铁可以用作除铬药剂。硫酸亚铁在除铬处理中先起还原作用，把六价铬还原成三价铬。多余的硫酸亚铁被溶解氧或加入的氧化剂氧化成三价铁。因此，硫酸亚铁投入含六价铬的水中，与六价铬产生氧化还原作用，生成的三价铬和三价铁都能生成难溶的氢氧化物沉淀，再通过沉淀过滤从水中分离出来。其化学反应式如下所示：

$$CrO_4^{2-} + 3Fe^{2+} + 8H^+ \longrightarrow Cr^{3+} + 3Fe^{3+} + 4H_2O \qquad (4\text{-}1)$$

$$Cr^{3+} + 3OH^- \longrightarrow Cr(OH)_3 \downarrow \qquad (4\text{-}2)$$

$$Fe^{3+} + 3OH^- \longrightarrow Fe(OH)_3 \downarrow \qquad (4\text{-}3)$$

4.3　自来水厂应急除铬工艺实施与其技术要点

4.3.1　工艺流程

根据前文分析结果，饮用水应急除铬技术，主要采用还原沉淀法，即通过投加硫酸亚铁等亚铁盐，将原水中的六价铬还原为三价铬，同时亚铁被氧化为三价铁。在常规处理阶段，三价铬形成的氢氧化铬以及三价铁形成的氢氧化铁沉淀可通过混凝沉淀工艺去除。因此饮用水应急除铬技术需要与混凝沉淀过滤工艺结合运行。

采用还原沉淀法处理含铬原水的工艺流程见图 4-2。

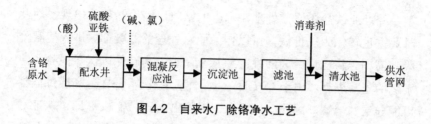

图 4-2　自来水厂除铬净水工艺

硫酸亚铁在水中溶解时，分解生成二价铁离子和硫酸根离子。二价铁离子与水中的氢氧根反应生成氢氧化亚铁，而二价铁化合物是一种可溶性物质，絮凝速度很慢，且受 pH 的严格限制，因此，一般需使其氧化成氢氧化铁。

理论上当 pH>7 时，二价铁可被氧化为三价铁，实际上很难完全氧化，因此，只有在 pH>8.5，且原水具有足够的碱度和氧存在时应用硫酸亚铁絮凝才有较好效果。

当水中溶解氧不足时，可投加强氧化剂氯，直接将亚铁转化为铁离子。但是需要在亚铁充分还原六价铬之后，并且氯的投加量需要根据理论计算剩余亚铁浓度来投加。

4.3.2　工艺参数

4.3.2.1　pH

由于六价铬在酸性条件下氧化性强，易于还原。因此，在采用还原法除铬时，需预先调整 pH，使水中的六价铬以 $Cr_2O_7^{2-}$ 形式存在，再投加亚铁盐，通过亚铁盐还原六价铬，生成三价铬。在这个阶段，虽然 pH 越低越有利于还原反应的进行，但由于天然水体中 pH 常呈中性，调节原水 pH 需要耗费大量酸，且在混凝阶段需要重新调回 pH，因此该阶段仅需将 pH 调节为 5~6 即可满足六价铬还原反应的需要。倘若水厂拥有足够的还原时间，无须调节 pH，亚铁离子也能够实现对六价铬的还原。

经过亚铁盐还原预处理，水中的铬将以三价铬形式出现，而此时亚铁也转化为三价铁，可以作为原水处理的混凝剂。进入混凝阶段，需预先将已调节为酸性的原水重新调节为碱性以保障混凝沉淀工艺的正常进行。由于 $Cr(OH)_3$ 为两性氢氧化物，pH 过高或过低都可能导致其溶解，因此，只要保证混凝出水 pH 为 7～8 即可保证对三价铬的去除效果。此时，三价铬可形成 $Cr(OH)_3$ 同矾花进行共沉淀，在去除水中胶体颗粒、悬浮颗粒的同时，去除铬污染物。此外，由于与混凝剂共同使用，混凝形成的矾花絮体对这些离子污染物可以有一定的电荷吸附、表面吸附等去除作用，对污染物的去除效果要优于单纯的沉淀作用。

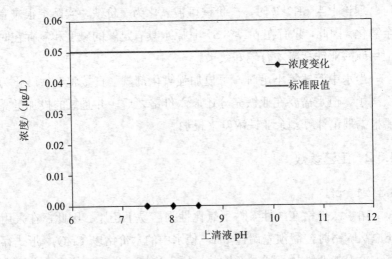

图 4-3　pH 对铬去除效果影响

4.3.2.2　还原剂投加量

还原剂投加量对于铬去除效果有重要的影响，为保证六价铬完全还原，需要根据水源中六价铬的浓度，适当过量投加亚铁。但为了防止水中拥有过多的亚铁残余，增加后续处理工艺难度，应该根据原水中的铬浓度及其他氧化物的含量，合理选择。一般投加的亚铁离子仅需为六价铬化学计量比的 110%即可。倘若投加的亚铁过多，可在混凝前投加少量过氧化氢将其氧化，以防止出现出水铁超标。

表 4-1　广州自来水除铬 pH 影响试验原水水质

试验条件	污染物浓度：0.254 mg/L；混凝剂种类：硫酸亚铁；原水：西村水厂自来水；实验水温：25℃		
原水水质	浊度= 0.15 NTU；碱度= 54.35 mg/L；硬度=138 mg/L；pH=7.3；总溶解性固体= 126 mg/L		
亚铁投加量/（mg/L）	0	5	5	5
污染物浓度/（mg/L）	0.254	<0.004	<0.004	<0.004
反应前 pH	7.50	7.50	8.00	8.50
反应后 pH	7.50	7.15	7.22	7.38

为了能够更好地指导生产实践，课题组组织广州和天津相关单位及个人，根据当地原水条件，开展亚铁投加量对六价铬还原试验研究，所得结果如图 4-4 和图 4-5 所示。

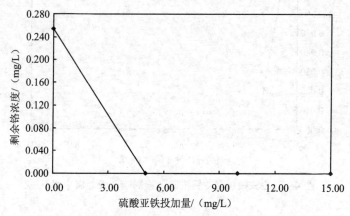

图 4-4　亚铁投加量对去除六价铬的影响（广州自来水）

表 4-2 广州自来水除铬还原剂投加量试验条件及原水水质

试验条件	污染物浓度：0.254 mg/L；混凝剂种类：硫酸亚铁；
	原水：西村水厂自来水；实验水温：25.00℃。
	加标：国家标准物质中心标准物，主要成分 $K_2Cr_2O_7$，浓度 1 000.00mg/L，基质为硝酸
原水水质	浊度=0.15 NTU；碱度=54.35 mg/L；硬度=138 mg/L；pH=7.30；总溶解性固体=126 mg/L

亚铁投加量/（mg/L）	0	5	10	15
反应前 pH	7.52	7.52	7.52	7.52
反应后 pH	7.52	7.37	7.21	6.92
污染物浓度/（mg/L）	0.254	<0.004	<0.004	<0.004

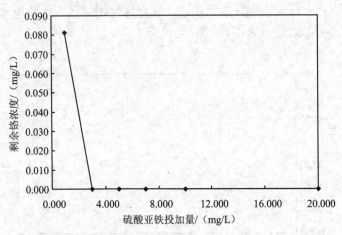

图 4-5 亚铁投加量对铬去除效果影响（天津自来水）

表 4-3　天津自来水除铬相关试验条件及原水水质

试验条件	污染物浓度：0.267 mg/L；混凝剂种类：硫酸亚铁；原水：自来水；试验水温：10.6℃					
原水水质	浊度=0.26 NTU；碱度=154 mg/L；硬度=278 mg/L；pH= 7.65；总溶解性固体=648 mg/L					
混凝剂投加量/（mg/L）	1	3	5	7	10	20
反应前 pH	7.74	7.74	7.74	7.74	7.74	7.74
上清液 pH	7.76	7.80	7.77	7.63	7.55	7.31
污染物浓度/（mg/L）	0.081	<0.004	<0.004	<0.004	<0.004	<0.004

　　由相关试验结果可知，在原水铬超标 5 倍（0.25 mg/L）的情况下，仅需在水中投加 3 mg/L 就可以保证对六价铬的去除效果，出水满足国家标准要求。

　　在自来水厂应急处理处置过程中，投加的亚铁盐被氧化后形成的三价铁，可作为水厂后续混凝沉淀处理的混凝剂。因此，在还原阶段投加的亚铁盐浓度除了满足对六价铬还原需要外，还需要满足混凝沉淀的需要。所以，可以在还原阶段投加过量亚铁盐，待还原阶段结束后，通过适量投加氯或过氧化氢等氧化剂将过量的亚铁盐转化为三价铁以使混凝沉淀过程顺利进行。但是投加氧化剂时需注意应防止投加过量氧化剂，将已被还原的三价铬重新氧化为六价铬。

4.3.3　药剂选择

　　调整 pH 的酸性药剂可以采用硫酸或盐酸。调整 pH 的碱性药剂可以采用氢氧化钠（烧碱）、石灰或碳酸钠（纯碱）。因是饮用水处理，必须采用饮用水处理级或食品级的酸碱药剂。酸性药剂中，与盐酸相比，硫酸的有效浓度高，价格便宜，腐蚀性低，为首选的酸性药剂。碱性药剂中，氢氧化钠可采用液体药剂，便于投加和精确控制，劳动强度小，价格适中，因此推荐在应急处理中采用。石灰虽然最便宜，但沉渣多，投加劳动强度大，不便自动控制。纯碱的价格较高，除特殊情况外，一般不采用[69]。

对于需要调节 pH 进行混凝沉淀的应急处理，还必须注意所用混凝剂的 pH 适用范围。铁盐混凝剂适用范围为 pH＝5～11，硫酸铝适用范围为 pH＝5.5～8，聚合铝适用范围为 pH＝5～9。特别要注意的是，铝盐混凝剂在 pH 过高（pH≥9.5）条件下使用会产生溶于水的偏铝酸根，可能会产生滤后水铝超标问题（饮用水标准铝的限值为 0.2 mg/L）。

4.3.4 技术要点

对于饮用水的化学沉淀应急处理，由于水中多种离子共存，并且与混凝处理共同进行，所发生的化学反应极为复杂，可能包括分步沉淀、共沉淀和表面吸附等多种反应。因此，基本化学理论主要用于对方案可行性和基本反应条件的初步判断，对于实际应急处理，必须先进行试验验证，以确定实际去除效果与具体反应条件。

在工程实施中，考虑到水处理设备（沉淀池、滤池）对颗粒物的分离效率，对于计算与试验所得到的控制条件，应留有一定的安全余地。同时还要适当加大混凝剂的药量，必要时使用助凝剂，以提高混凝效果。

此外，通过应急除铬技术，原水中的铬经过还原和混凝作用转入底泥中，因此在混凝和沉淀阶段产生的含铬污泥需要妥善处理，以防产生二次污染。

第 5 章　河流突发铬污染事件风险
防范措施及应用

河流突发铬污染的主要来源包括：①工业含铬废水未达标排放；②未经有效处理的铬渣无序堆放，经雨水冲刷或淋洗后进入地表水或渗入地下水污染水体；③涉铬生产企业生产事故排放；④涉铬企业消防废水排放；⑤交通运输事故造成含铬产品的泄漏。其中含铬废水的不达标或事故排放以及未经有效处置的铬渣，经淋洗等过程造成铬污染是目前河流突发铬污染的主要来源。

在各类可能的突发铬污染事故类型中，由于铬渣无序堆放所造成的危害最大，目前已发生多起相关污染事故。鉴于铬渣数量多、危害大等特点，2005 年国家发展和改革委员会会同国家环境保护总局根据《中华人民共和国固体废物污染环境防治法》《中华人民共和国水污染防治法》和《中华人民共和国清洁生产促进法》等有关法律法规编制"铬渣污染综合整治方案"。以保护人民身体健康、保护环境、防治铬渣污染、促进清洁生产为出发点，以铬渣无害化处理为主要任务，明确了全国铬渣处理和推行铬盐清洁生产的指导思想、原则和目标，提出了相应的政策和措施。力争 2006 年，实现铬盐生产企业当年产生的铬渣全部得到无害化处置；2008 年年底前，实现环境敏感区域铬渣无害化处置；2010 年年底前，所有堆存铬渣实现无害化处置，彻底消除铬渣对环境的威胁[2]。

要防止各类突发环境污染事故的发生，需要各级政府、企业充分发挥作用。各级政府需要在各类污染事故中，积极发挥监管作用，推动企业完成污染治理。各涉铬企业，应当在政府指导下，加大对含铬废水、废气和废渣治理的资金投入并开展技术研发。此外，公众应本着对自身人身安全和身体健康的保护意识，积极参与监督铬渣污染防治工作。

5.1 河流突发铬污染事件风险防范

5.1.1 强化企业环境保护的主体责任

企业是加强环境保护，预防因安全生产、违法排污和超标排污导致污染事件的法律主体。政府部门在加强宣传教育、增强企业守法意识的基础上，还需要通过严格的执法监管，消除其麻痹和侥幸心理，自觉加强环境管理、安全管理，提高预防事故和事故状态下防范环境污染事件的能力，杜绝环境污染事故的发生。同时，政府部门还需要在制度创新方面下足工夫，通过社会征信、银行信贷、出口配额、市场准入等多个方面加强对企业守法行为的监督，提高其违法成本，降低对环境安全的威胁。

5.1.2 建立重金属行业长效监管机制

要组织相关部门开展研究，提出区域内重金属行业的产业布局和发展规划，加快产业结构调整；综合考虑重金属的富集效应和区域内总量的控制，强化区域环评手段，严格执行重金属行业准入制度和排放标准，认真做好《规划环境影响评价条例》的实施工作，加强对涉及重金属建设项目环评审批的把关，从源头上预防重金属污染事件的发生；综合采用经济手段，对达不到标准的企业，取消其享受经济优惠政策的资格。

5.1.3 加强重金属污染综合整治和监管

按照国务院批准的《重金属污染综合整治实施方案》，积极协调相关部门尽快制定配套政策措施，督促各地推进产业结构调整，抓紧编制重金属污染防治规划，落实专项资金，加强科普宣传，对污染物超标土地进行综合治理，改善重金属风险监管薄弱的局面。借鉴发达国家经验，制定相应法规，从而达到保护环境和人民健康的目的。

5.2 河流突发铬污染事件的污染源调查

5.2.1 铬污染重点防控行业

铬的工业污染来自于铬矿的采选和冶炼、皮革及其制品业、电镀、机器制造厂、汽车制造厂、飞机制造厂、染料厂、印刷厂和制药厂等行业排出的废水、烟尘与固体废渣。

环境铬污染的主要来源包括：①工业含铬废水未达标排放；②铬渣的违法堆放，经过雨水、径流淋洗后，溶解的六价铬进入水环境；③涉铬企业生产事故排放；④涉铬企业含铬消防废水排放；⑤交通运输事故造成含铬产品的泄漏。这些污染来源都能造成环境污染事故。

5.2.2 现场调查重点

主要调查企业生产工艺和主要设备，包括备料区、熔炼区、电解区和制酸区。此外，铬渣浸出液是含铬废水的主要来源，因此现场调查时，需重点调查铬渣的堆放、无害化处置情况。

5.3　含铬的工业废水处理与应用

5.3.1　工业含铬废水污染

为了防止金属零件的腐蚀生锈，人们常在一些易腐蚀的零件上镀上一层金属，以提高零件的防腐蚀能力。由于镀铬层具有光灿夺目的外表和优越的防腐、抗酸、耐磨等性能，所以镀铬工艺广泛地应用于轻纺、仪表、机械制造以及国防等工业中。除了常用的装饰性镀铬外，还有镀硬铬、乳色铬、多孔性铬及黑铬等各种类型的镀铬工艺。但是，所有这些镀铬溶液均以 Cr_2O_3 为主要成分，其含量一般为 150～350 g/L，镀铬后其清洗废水中六价铬含量为 25～100 mg/L[36, 73]。

在铬冶金过程中，也常常排放含铬废气，含铬废气可采用干湿结合的流程，回收 Cr_2O_3 干尘及 Na_2CrO_4 溶液。经过处理后的废气中基本上不含铬，而经淋洗的铬则可通过含铬废水处理工艺实现铬的去除[74]。

涉铬冶炼厂、电镀厂，在生产过程中产生的含铬废水未经处理达标排放、事故排放等都可能造成河流铬污染。因此，需要开展工业含铬废水的处理以防发生突发铬污染。目前，对于含铬废水的处理方法主要包括化学沉淀法、还原沉淀法、吸附法、离子交换法和电化学法等处理方法。

5.3.2　工业含铬废水处理应用

5.3.2.1　钡盐法处理电镀含铬废水

钡盐法处理含铬废水，在上海开关厂、上海光明电镀厂和上海利用锁厂有所报道。本书以上海开关厂利用钡盐法处理电镀含铬废水的工程为例，阐述钡盐法处理含铬废水的主要原理、运行程序及主要工艺参数[75]。

（1）处理原理

钡盐法属于化学沉淀法。利用 $BaCO_3$（$K_{sp}=5.1\times10^{-9}$）或可溶的氯化钡的溶度积大于 $BaCrO_4$ 的溶度积（$K_{sp}=1.2\times10^{-10}$），向含铬废水投加固体碳酸钡后，在搅拌条件下，由于两者存在溶度积差，因此碳酸钡可以转化为更难溶于水的铬酸钡沉淀，从而使原来溶于水的六价铬转化为铬酸钡沉淀，达到处理的目的。反应过程如下所示：

$$BaCO_3+CrO_4^{2-} \rightarrow BaCrO_4+CO_3^{2-} \tag{5-1}$$

经相关实践验证，原来淡黄色的含铬废水，经碳酸钡处理过滤后，可完全去除六价铬。但是水中仍然含有一定的残钡，可以用石膏（$CaSO_4 \cdot 2H_2O$）去除残余的钡。反应式为：

$$Ba^{2+}+SO_4^{2-} \rightarrow BaSO_4 \downarrow \tag{5-2}$$

（2）生产运行及主要参数

除铬及除残钡的反应均为固液相反应，碳酸钡与铬酸可采用压缩空气或机械搅拌，为保证水质达标，反应时间应保持 25～30min。

为了使废水回用于生产，除铬反应池宜采用甲、乙池交替间歇处理，倘若排水量较小，由于石膏与钡离子反应速度较快，故可采用单池进行。

由于碳酸钡不易溶于水，未与六价铬作用时，损耗极少，故可破除废水分析及定量投药的常规，一般采用一次投药法，即一次将较多的固体碳酸钡粉末加入除铬反应池中，当碳酸钡完全转化成铬酸钡后换药。同理石膏也直接加入除钡反应池中，换药时间根据一次投药量、处理总水量及处理后水质中的金属离子浓度决定。

采用自制聚氯乙烯塑料微孔滤管作过滤器，过滤速度较快，且耐腐蚀。滤管排列方式可分为立式或卧式两种，采用立式排列，污泥不易黏附，便于反冲洗，但滤管在过滤过程中，切勿露出水面，以免吸入空气而迫使停泵；采用卧式排列，表面易黏附污泥，不便于反冲洗，所需滤管数量按排水量多少决定。

由于各生产单位合格废水排出量不同，设计时可参考下列参数：

合格废水与碳酸钡反应时间：25～30 min；

除铬后水与石膏反应时间：1～2 min；

塑料微孔管过滤速度：1～1.5 m/（m^2·h）；

投药比（六价铬与碳酸钡）：1∶10～1∶15；

连续使用一段时间后，因表面转化为铬酸钡，需延长相应的反应时间。

反应流程图如图 5-1 所示。

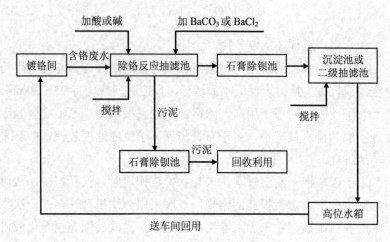

图 5-1 钡盐法除铬工艺流程

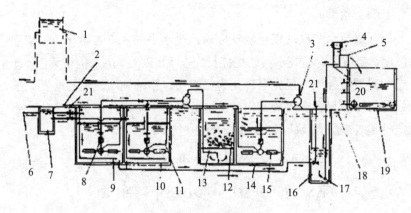

图 5-2　钡盐法工艺流程

1. 高位水箱；2. 压缩空气管；3. 水泵；4. 发动机；5. 污泥提升器；6. 含铬废水管；

7. 含铬废水池；8. 单向阀；9. 压缩空气搅拌管；10. 除铬池；11. 压缩空气或给水反冲管；

12. 多孔板；13. 石膏块；14. 除钡池；15. 微孔滤管及支撑；16. 集泥池；17. 抽水滤头；

18. 排水沟；19. 污泥脱水箱；20. 水气阀门；21. T 开关阀门

（3）适用范围

钡盐除铬法，不仅适用于电镀含铬废水处理，也适用于其他呈酸性的工业含铬废水（pH 为 5～6.5）的处理，碱性废水可以硫酸调整，pH＜4，则用碳酸钠调整。倘若含有磷酸、过氯酸和硝酸，因反应生成易溶钡盐，故不适用，当酸度太高或浓度较高（六价铬含量大于 50 g/L）时宜适当调整或采用其他方法处理，则经济效果更好一些。

若含铬废水来源于镀铬及钝化处理的混合废水，经处理过滤后的水，因含有微量硝酸根，因此仅可回用于钝化处理，不宜回用于镀铬，以免硝酸根带入镀铬槽，影响镀铬层质量。

若含铬废水来源单一，则仍可回原工段使用。

（4）铬酸回收

含铬废水与碳酸钡接触反应后，废水中的六价铬转化为铬酸钡沉淀，当黄色含铬废水与之搅拌反应在 1 h 以上，废水仍呈黄色，即表示碳酸钡外表面已完全转化为铬酸钡。铬酸钡污泥经硫酸及硝酸处理后可获得含有硫酸、硝酸的铬酸溶液（可回收用于钝化或浓缩结晶制成铬酐）及硫酸钡沉淀，反应过程如下：

$$BaCrO_4 \downarrow + 2HNO_3 \longrightarrow Ba(NO_3)_2 + H_2CrO_4 \qquad (5\text{-}3)$$

$$Ba(NO_3)_2 + 2H_2SO_4 \longrightarrow BaSO_4 \downarrow + 2HNO_3 \qquad (5\text{-}4)$$

虽然上述两个反应过程硝酸得到再生，但是如果不添加硝酸，反应非常缓慢。且铬酸盐在酸性条件下易生成重铬酸根离子，重铬酸根离子在浓硫酸条件下，被还原成三价铬（尤其当温度较高时），因此不添加硝酸时无法回收铬酸。反应过程如下：

$$2BaCrO_4 + 2H^+ \rightleftharpoons BaCr_2O_7 + H_2O + Ba^{2+} \qquad (5\text{-}5)$$

$$2BaCr_2O_7 + 8H_2SO_4 \longrightarrow 2BaSO_4 \downarrow + 2Cr_2(SO_4)_3 + 3O_2 \uparrow \\ + 8H_2O \qquad (5\text{-}6)$$

温度高时，将发生如下反应：

$$4BaCrO_4 + 10H_2SO_4 \xrightarrow{\quad\triangle\quad} 4BaSO_4 \downarrow + 2Cr_2(SO_4)_3 + 3O_2 \uparrow \\ + 10H_2O \qquad (5\text{-}7)$$

当添加硝酸时，由于铬酸钡溶于硝酸，产生硝酸钡，然后与硫酸作用产生硫酸钡沉淀，而铬酸在强氧化剂硝酸存在时不被还原成三价铬仍保持铬酸形式，因此在反应过程中添加硝酸是回收铬酸的关键步骤。

先用污泥提升器将铬酸钡污泥从除铬反应过滤池内提升到脱水箱内，进行脱水滤干，脱水后，污泥含水率一般控制在30%~40%，放入耐酸瓷缸，然后再将已按重量比例混合好的酸液，少量缓慢流入污泥中，酸液与污泥接触，即产生大量泡沫和有害气体，在膨胀过程中溶解。再用搅拌器加以搅拌，使反应加快，搅拌采用间歇断续方式进行，直至反应到无气泡冒出，一般在缸内停留两昼夜，然后再用真空泵、微孔滤管将铬酸溶液从污泥中抽出。回收铬酸溶液的含铬量一般在 140 g（CrO_3）/L 左右。

回收铬酸后，产生的泥渣成分主要是硫酸钡，可通过投加碳酸钠，且控制浓度和温度来实现碳酸钡再生。

这种方法主要用于处理含六价铬的废水，工艺简单，效果好。通过石膏除钡池后，废水可回用，还可回收铬酸，复生 $BaCO_3$。缺点是药剂来源比较困难，用于水渣分离的微孔材料加工比较复杂，污泥中含有六价铬，必须综合利用，可回收铬酸、冶炼金属或做抛光材料用。

5.3.2.2　亚铁还原法处理含铬废水

亚铁还原法是一种常用的含铬废水还原沉淀法。具有一次性投资小、运行费用低、处理效果好、操作管理简便等优点，因而得到广泛应用。

本书以峨眉机械厂铁氧体法处理含铬废水为例，分析采用亚铁还原法处理含铬废水的整个工艺流程。该厂在表面处理、锻造、铸造等车间的镀铬、钝化、镁合金氧化、填充、出光等工序会产生含铬废水，每天排放约 250t 含铬废水，废水中的铬以六价铬的形式存在[76]。

（1）处理原理

通过向酸性的含铬废水投加硫酸亚铁，利用亚铁离子将 Cr^{6+} 被还原成 Cr^{3+}；再加热、加碱、通空气搅拌，Cr^{3+} 便成为铁氧体的组成部分，转化成类似于尖晶石结构的铁氧晶体而沉淀。铁氧晶体是指由铁离子、氧离子及其他金属离子所组成的氧化物。它是一种陶瓷半导体，具有铁磁性。该方法的处理效果较好、投资少、设备简单且污泥可以综合利用，但是动力消耗大，不适用于处理低浓度废水。

反应化学方程式如下：

在酸性条件下，亚铁离子还原六价铬

$$Cr_2O_7^{2-}+6Fe^{2+}+14H^+ \longrightarrow 2Cr^{3+}+6Fe^{3+}+7H_2O \qquad (5-8)$$

通过加碱、充气、加热，则发生如下反应

$$Fe^{3+}+Cr^{3+}+Fe^{2+}+2O_2 \longrightarrow Fe^{3+}(Fe^{2+}\cdot Cr_x^{3+}\cdot Fe_{1-x}^{3+})O_4 \downarrow \qquad (5-9)$$

其中 x 为 0～1 时，$Fe^{3+}(Fe^{2+}\cdot Cr_x^{3+}\cdot Fe_{1-x}^{3+})O_4$ 即为铬铁氧体，为一种墨绿色沉淀。

处理过程中，在反应罐中通压缩空气，使之起到搅拌作用，同时还是为了供给反应中所需的氧，加速氧化，使之顺利形成铁氧体。反应后，将沉渣加温到 60～80℃，保持 20～30 min，使其破坏氢氧化物胶体，便于脱水，有利于铁氧体的生成。

（2）工艺流程

反应工艺流程见图 5-3。

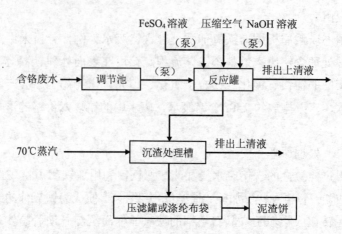

图 5-3 亚铁还原法处理含铬废水处理工艺流程

反应采用间歇式处理，收集的废水先在调节池储存，保证废水水质稳定并符合处理要求。含铬废水提升至反应罐后，再投加硫酸亚铁，充分反应后，加入 NaOH 并通入压缩空气，加快反应进行。

反应后的沉渣放入沉渣处理罐，通过蒸汽加热破坏氢氧化物胶体，使之更易生成铁氧体。加热后的沉渣放入压滤罐中，形成铁氧体泥渣。

（3）处理步骤

①分析废水中的铬酐的含量。六价铬浓度与铬酐浓度的关系为：$C_1 = 1.92C_2$，式中 C_1 为铬酐浓度；C_2 为六价格浓度。

②计算 $FeSO_4 \cdot 7H_2O$ 和 NaOH 的投加量，投放 $FeSO_4 \cdot 7H_2O$ 和 NaOH。根据理论计算和实践经验，$FeSO_4 \cdot 7H_2O$ 投放量为废水中铬酐含量的 16～20 倍。NaOH 投放量一般为 $FeSO_4 \cdot 7H_2O$ 量的 1/4，当溶液呈墨绿色时，pH 为 8～10 即为投药终点。投入 $FeSO_4 \cdot 7H_2O$ 后，立即投放 NaOH 使 pH 为 8～10，一般为 8 左右，不超过 10，以免影响六价铬氧化。

③在开始投药时必须通压缩空气，时间为 10～20 min，废水浓度高时，可延长通气时间。

④静沉。反应结束后立即停止通入压缩空气，静置停放 1 h 左右（一般约 40 min），以完全沉降为准。检测上清液六价铬含量，满足排放标准要求。

⑤将反应罐中的沉渣放入沉渣处理槽，通蒸汽加热至 60～80℃，保温 30 min，沉渣显褐色时磁性最强，不加热或常温下反应生成的沉渣体积较大，呈胶体状，结构不紧密，且反应不完全。

⑥洗钠：在废水处理中，溶液中存在许多钠离子，这对于沉渣后续利用不利，因此需要进行洗钠。当沉渣加热静沉后，排出上清液，再加自来水冲洗至无钠离子为止。

⑦将加温后的沉渣（或洗钠后的沉渣）放入压滤罐中滤干，回收利用。

5.4　我国铬渣污染现状与其处理

5.4.1　我国铬渣污染现状

铬盐和金属铬是重要的工业原料，在国民经济建设中起着重要的作用，据商业部门统计，全国有 10%左右的商品品种与铬盐有关。铬渣是冶金及化工部门生产金属铬或铬盐过程所排放的固体废弃物，是由铬铁矿加纯碱、石灰石、白云石在 1 100～1 200℃的高温焙烧，用水浸溶后所剩余的残渣，其中铬渣含 1%～3%的六价铬[77]。

铬盐生产的传统工艺是使用回转窑填充石灰质的焙烧法，按石灰填充量多少分为有钙焙烧、少钙焙烧和无钙焙烧 3 种，后两种是利用部分或全部返渣代替有钙填料。铬渣产生量与铬盐生产工艺密切相关：普通有钙焙烧工艺的产渣量为每吨产品 2.5～3 t，铬的转化率低，铬渣中六价铬含量高，为 1.5%～2.5%，难以处理；少钙焙烧工艺每吨产品产渣量为 1.2～1.5 t；无钙焙烧每吨产品产渣量低于 0.8 t，铬渣中六价铬含量低，只有 0.1%～0.2%，易于处理。此外，我国还自行研究开发了液相氧化法铬盐生产技术，并正在进行工业化生产完善工作，预计每吨产品产渣量不超过 0.5 t，铬渣中六价铬含量低于 0.1%。目前，我国铬盐生产企业大多采用有钙焙烧工艺，采用无钙焙烧工艺的只有甘肃民乐县化工厂一家，其产能仅占全国总产能的 3%。与此相比，工业发达国家基本上都采用无钙焙烧工艺。从总体看，我国铬盐生产技术仅相当于发达国家 20 世纪七八十年代的水平[2]。

根据全国铬盐情报网的统计资料，我国铬盐生产中，每生产 1 t

红矾石,将排出 1.7～4.2 t 铬渣。每生产 1 t 金属铬,将排出 7 t 铬渣[78]。根据国家发改委和环保部相关文件,目前,我国铬盐生产量及消费量均居世界第一。现有铬盐生产企业 25 家,年生产能力 32.9 万 t。2003 年总产量 23.8 万 t,进口 1.5 万 t,出口 2.2 万 t,实际消费量 23.1 万 t,净出口 0.7 万 t。到目前为止,全国已累计生产铬盐 200 多万 t,产生铬渣 600 多万 t,其中仅有约 200 万 t 铬渣得到处置,尚有 400 多万 t 堆存铬渣没有得到无害化处置[2]。这些铬渣的堆放和填埋大多不符合危险废物处置要求,直接排放到环境中,有一些甚至堆存于重要水源地和人口稠密地区,还有一些破产、关闭企业的铬渣堆放或填埋情况不明[2]。

　　未经处理的铬渣,任意堆放,经水淋沥,铬渣中所含的六价铬会随水进入水源,污染水质和土壤,危害人体健康。例如,锦州铁合金厂堆放的铬渣由于未采取防渗措施,致使 35 km² 范围内的地下水受到污染,使 7 个自然村庄 1 800 多眼井水不能饮用,为治理该厂的铬渣污染,国家和企业花费了 3 000 多万元[79]。电镀含铬废水中由于含铬浓度高,未经处理直接排放可能会对生态环境造成灾难性后果。此外,在镀铬过程中,有 1/4～1/3 的铬酐随废水排放,资源浪费相当大。因此,含铬废水如不加以处理,放任自流,将严重污染江河湖泊,危害人体健康和生态安全。

　　对于铬渣处理,目前国外主要采用先将铬渣无害化处理后堆放或填埋[80]。主要有以下数种方法:日本电工株式会社德岛工厂铬渣采用亚硫酸盐造纸废液在回转窑内还原焙烧后用以填地或堆放。日本化学工业株式会社德山工厂用铬渣制人造骨料,年生产量 6 万 t。生产方法为:铬渣加还原剂及添加剂混合成型,焙烧还原。制造人造骨料的依据是技术水平、经济能力及利润和销售的综合考虑。美国巴尔的摩生产每吨重铬酸钠产生 2～2.5 t 铬渣,每天排出 350 t 铬渣,由于没有工业价值,铬渣被倒在马里兰州的

某港口以填海。美国海恩堡厂利用钢厂酸洗废液处理铬渣，进行
无毒化处理后排放[1]。

表 5-1 全国铬渣堆存情况汇总表（按省份统计）[2]

序号	省份	企业名称	铬渣堆存量/万 t	备注
1	天津	天津同生化工厂	40	破产、堆存市区
2	河北	河北铬盐化工有限公司	12.9	
3		石家庄井陉福海铬盐厂	3	
4	山西	山西昔阳县大通化工有限公司	0.2	
5	内蒙古	内蒙古黄河铬盐股份有限公司	9.39	
6		内蒙古永兴铬盐厂	1.2	
7		包头第二化工厂	5	关闭、黄河边
8	辽宁	锦州铁合金厂	35	
9		沈阳新城化工厂	30	破产、堆存市区
10	吉林	吉林安图化工二厂	2	破产
11	江苏	苏州东升化工厂	0.05	关闭
12		南京江宁县第二化工厂	0.2	关闭
13	山东	山东济南裕兴化工总厂	15	小清河
14		青岛红星化工厂	15	关闭、堆存市区
15	浙江	杭州红星化工厂	1.3	关闭、堆存市区
16	河南	河南义马市振兴化工有限公司	32.5	
17		开封振兴油脂化工厂	2.5	关闭
18		河南滑县九间房化工厂	2	关闭
19		河南回郭镇第二化工厂	5.1	关闭
20		河南郑州五里堡化工总厂	2.76	关闭
21		河南新乡黄河化工厂	2	关闭
22	湖南	湖南铁合金集团有限公司	20	
23		湖南长沙铬盐厂	42	破产、湘江边
24		湖南衡阳松梅冶炼厂	2.4	破产
25	湖北	黄石振华化工有限公司	14	
26	重庆	重庆民丰农化集团股份有限公司	23.65	嘉陵江边

序号	省份	企业名称	铬渣堆存量/万 t	备注
27	四川	四川泸州长江化工厂	15	关闭
28		四川金鹰电化有限公司	3	
29		四川安县银河建化集团有限公司	20	
30	云南	云南陆良化工实业有限责任公司	14	
31		云南楚雄毛定化工厂	1.5	
32	甘肃	甘肃酒泉祁源化工有限公司	13	
33		甘肃民乐县化工厂	0.7	
34		甘肃酒泉河西化工厂	0.28	
35		甘肃永登县永青化工厂	4.5	
36		甘肃白银甘藏银晨铬盐有限责任公司	2.05	
37	陕西	陕西省商南县东正有限责任公司	2.3	
38	青海	青海星火铬盐厂	7	
39		青海湟中化工厂	2.1	
40		青海海北铬盐厂	1.5	破产
41	新疆	新疆联达实业股份有限公司	11.7	
全国合计			410.38	

5.4.2 铬渣无害化处理技术与应用

5.4.2.1 铬渣湿法解毒

铬渣湿法解毒主要采用硫化钠溶液处理,还原铬渣中的六价铬。湿法解毒可与回收铬渣中酸溶六价铬工艺相结合,铬渣先用纯碱溶液处理,降低铬渣中六价铬总量,有利于还原反应[1]。

(1)还原反应基本原理

铬渣中的六价铬除水溶性铬酸钠外,尚含有化学吸附态铬及铬铝酸钙等酸溶性六价铬。用碳酸钠溶液处理熔渣，除可洗脱吸附铬外，并可使铬铝酸钙分解，转化为水溶性铬酸盐，化学反应式为：

$$CaCrO_4+Na_2CO_3 \rightleftharpoons Na_2CrO_4+CaCO_3 \tag{5-10}$$

$$\begin{aligned} CaO \cdot Al_2O_3 \cdot CaCrO_4 \cdot 12H_2O+2Na_2CO_3 &\rightleftharpoons \\ 2CaCO_3+2NaAlO_2+Na_2CrO_4+12H_2O \end{aligned} \tag{5-11}$$

铬渣经碳酸钠溶液淋洗后，再用硫化钠溶液处理，可使六价铬发生还原反应。反应过程如下：

生成硫酸钠的化学反应式：

$$\begin{aligned} 8Na_2CrO_4+3Na_2S+(8+4x)H_2O &\rightleftharpoons 4(Cr_2O_3 \cdot xH_2O)+ \\ 3Na_2SO_4+16NaOH \end{aligned} \tag{5-12}$$

析出游离硫的化学反应式：

$$\begin{aligned} 2Na_2CrO_4+3Na_2S+(5+x)H_2O &\rightleftharpoons Cr_2O_3 \cdot xH_2O+ \\ 10NaOH+3S \end{aligned} \tag{5-13}$$

游离硫在一定条件下可进一步与铬酸钠作用，反应方程式为：

$$\begin{aligned} 2Na_2CrO_4+6S+(2x+1)H_2O &\rightleftharpoons 2(Cr_2O_3 \cdot xH_2O)+ \\ 3Na_2S_2O_3+2NaOH \end{aligned} \tag{5-14}$$

（2）解毒工艺条件的选择

硫化钠还原六价铬的反应速度及还原完全程度与硫化钠用量、铬渣粒度、反应温度及反应 pH 等因素有关。

铬渣在还原前先用碳酸钠溶液处理，可回收酸溶性六价铬，减少还原剂消耗量，并可提高解毒铬渣的稳定性。

1）硫化钠用量

硫化钠还原六价铬的最终反应产物除生成$S_2O_3^{2-}$外，还可生成单

质硫与 SO_4^{2-}。但由于硫化钠除参与六价铬还原反应外，还与扩散和其他因素有关，因此一般而言，硫化钠理论消耗量为 $1.5\times[Cr_2O_3]$。实际消耗量应至少过量 50%以上，因此实际上硫化钠的消耗量为：

$$Na_2S = 2.25\times[Cr_2O_3]$$

2）反应 pH

硫化钠还原六价铬的反应完全程度，受反应介质 pH 的影响。由于在还原过程中生成氢氧化钠，因此降低料浆的 pH 有利于反应趋于完全。

3）反应温度

硫化钠还原六价铬的反应速度随温度升高而加快，硫化钠用量越少，温度对反应的影响越明显。升高反应温度，S^{2-} 离子向固体颗粒内部的扩散速度加快，有利于六价铬的完全还原。

4）反应时间

硫化钠还原六价铬的反应速度较快，铬渣还原反应时间主要由 S^{2-} 离子在固相颗粒内部的扩散速度所定。当反应条件良好时，还原反应时间 30 min 就已接近平衡。不改变反应条件，延长反应时间对还原反应不产生明显影响。

5）铬渣中六价铬形态

硫化钠还原六价铬的反应是离子反应，因水溶性六价铬的化学活性大于酸溶性六价铬。所以先用碳酸钠溶液使酸溶铬转变为水溶性，从而降低铬渣中酸溶六价铬量，有利于六价铬的还原，并可增高解毒铬渣的稳定性。

（3）湿法解毒工艺流程（见图 5-4）

经过湿法解毒后的铬渣既可以作为筑路或填坑的建材，也可以用于制煤渣砖。相关试验研究结果显示，铬渣制砖强度和稳定性均满足相关标准的要求。

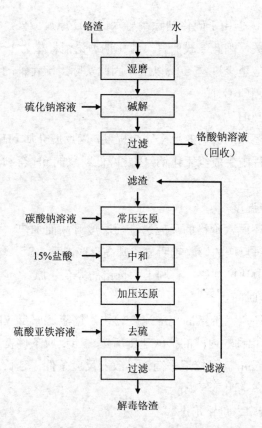

图 5-4　回收铬渣中六价铬和硫化钠湿法解毒工艺流程

5.4.2.2　铬渣干法解毒

铬渣干法解毒主要利用铬渣与煤屑混合后进行还原焙烧，使六价铬还原。焙烧后再用硫酸亚铁酸性溶液处理，能取得较好的解毒效果[1]。

（1）干法还原六价铬的基本原理

铬渣与煤混合后进行还原焙烧，六价铬被一氧化碳还原成不溶于水的三价铬，化学反应式为：

$$2C+O_2 \longrightarrow 2CO \tag{5-15}$$

$$2Na_2CrO_4+3CO \longrightarrow Cr_2O_3+2Na_2O+3CO_2 \tag{5-16}$$

$$2CaCrO_4+3CO \longrightarrow Cr_2O_3+2CaO+3CO_2 \tag{5-17}$$

（2）工艺过程及工艺条件

根据环境保护部发布的《铬渣干法解毒处理处置工程技术规程》（HJ 2017—2012），干法解毒的工艺流程如图 5-5 所示。

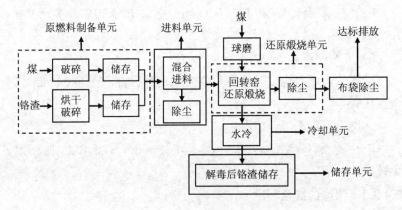

（a）回转窑干法解毒工艺流程

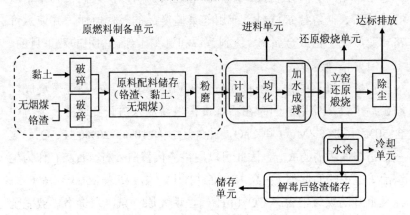

（b）立窑干法解毒工艺流程

图 5-5　铬渣干法解毒工艺流程

相关工艺参数要求如下：

1）回转窑解毒相关要求

①铬渣粒度应控制在 10 mm 以下；

②还原煤粒度应控制在 2～5 mm，挥发分小于 8%；

③燃料煤煤质热值不低于 6 000 kcal/kg，挥发分不低于 25%，灰分不高于 10%；

④燃料煤粉粒度应控制在 0.08 mm，筛余 10%～12%，水分 1%～1.5%。

2）立窑解毒相关要求

①铬渣、燃料煤及其他原料混合粉磨后应控制在 0.08 mm，筛余≤10%；

②燃料煤宜选用无烟煤。

干法还原解毒费用较低，但操作要求较严，控制不当则还原效果较差。

5.4.2.3 铬渣的综合利用

由于铬渣具有硬度大、熔点高等性质，所以，人们常利用铬渣制成铸石、砖等建筑材料，或用作某些产品的替代原料，并使六价铬转变成三价铬或金属铬，达到解毒和资源化综合利用的双重目的。

（1）铬渣炼铁

在炼铁过程中铁矿粉必须与石灰和煤等混合，在高温煅烧成烧结矿后供高炉使用，同时在冶炼过程中需加入白云石造渣。铬渣中含 50%～60%的 MgO 和 CaO，此外还含有 10%～20%的 Fe_2O_3，这些都是炼铁所需的成分，因此可以用铬渣代替白云石、石灰石作为生铁冶炼过程的助熔剂。在高炉冶炼过程中，温度高达 1 500～1 600℃，并且上升的煤气中含有 CO 和 H_2，呈现还原气氛，六价铬可被完全还原成三价铬或金属铬；同时还原后的金属铬进入生铁中，使其机械性能、硬度等都有所提高。湖北省黄石市某钢铁厂[81]、重庆东风化工厂和重庆钢铁厂都在这方面开展过相关研究与应用[42]。

（2）铬渣制水泥

铬渣的主要矿物组成为硅酸二钙、铁铝酸钙和方镁石（三者含量达 70%），与水泥熟料矿物组成相似。铬渣用于水泥有 3 种方式：①铬渣干法解毒后作为混合材料，同水泥熟料和石膏混磨制得水泥，铬渣用量约为成品水泥的 10%；②铬渣作为水泥原料之一烧制水泥熟料，铬渣用量占水泥熟料的 5%～10%；③铬渣代替氟化钙作为矿化剂烧制水泥熟料，铬渣用量占水泥熟料的 2%。由于铬渣中 MgO 含量较高，而国家标准中规定熟料中 MgO 含量应小于 5%，因此铬渣的掺量受到一定的限制。3 种方式的铬渣用量主要取决于原料石灰石的含镁量[81]。

（3）铬渣生产耐火材料

作为耐火材料，应要求具有较高的耐火度，即具有比常规材料更高的熔融温度，一般是耐火度不低于 1 580℃ 的无机非金属材料。镁质耐火材料的高温性能，除了取决于主晶相方镁石以外，还受其结合相的控制。由镁铬尖晶石结合的镁制耐火材料，如镁铬砖，由于镁铬尖晶石（$MgO \cdot Cr_2O_3$）熔点较其他尖晶石高，约 2 350℃；MgO 与 $MgO \cdot Cr_2O_3$ 的共熔点达 2 300℃ 以上，故由纯 MgO 与 $MgO \cdot Cr_2O_3$ 构成的耐火材料在 2 300℃ 以下不会出现液相，是良好的耐火材料[82]。

（4）铬渣制砖

铬渣与黏土混合成型后进行还原烧结，过程由两个阶段组成。

还原焙烧阶段：砖制品进行还原焙烧时，窑内的一氧化碳气体将三价铁及六价铬还原。并在砖表面附上一层炭膜。反应方程式为[1]：

$$2C+O_2 \longrightarrow 2CO \tag{5-18}$$

$$3Fe_2O_3+CO \longrightarrow 2Fe_3O_4+CO_2 \tag{5-19}$$

$$Fe_3O_4 + CO \longrightarrow 3FeO + CO_2 \qquad (5-20)$$

$$2Na_2CrO_4 + 3CO \longrightarrow Cr_2O_3 + 2Na_2O + 3CO_2 \qquad (5-21)$$

$$2CaCrO_4 + 3CO \longrightarrow Cr_2O_3 + 2CaO + 3CO_2 \qquad (5-22)$$

饮窑阶段：水从窑顶缓缓渗入高温窑内，在密闭状态下产生大量一氧化碳及氢气，这些还原性气体将三价铁及六价铬彻底还原，化学反应式为：

$$CO + H_2O \longrightarrow H_2 + CO_2 \qquad (5-23)$$

$$2Na_2CrO_4 + 3H_2 \longrightarrow Cr_2O_3 + 2Na_2O + 3H_2O \qquad (5-24)$$

$$2CaCrO_4 + 3H_2 \longrightarrow Cr_2O_3 + 2CaO + 3H_2O \qquad (5-25)$$

$$3Fe_2O_3 + H_2 \longrightarrow 2Fe_3O_4 + H_2O \qquad (5-26)$$

$$Fe_3O_4 + H_2 \longrightarrow 3FeO + H_2O \qquad (5-27)$$

还原生成的 Cr_2O_3 与 Al_2O_3 及 MgO 结合为稳定的尖晶石（ $MgO \cdot Me_2O_3$ ）， Na_2O 形成稳定的硅酸盐成为晶体或玻璃体，解毒效果良好，并无二次污染[83]。

（5）铬渣制钙镁磷肥

天然磷矿中的磷酸三钙是以不易被植物吸收的晶态存在的。将磷矿与蛇纹石等熔剂高温熔融后用水骤冷，可破坏磷矿的结构，使晶态磷酸三钙转变为易被植物吸收的非晶型玻璃体。以铬渣代替蛇纹石作为制钙镁磷肥的熔剂，在高温熔融过程中六价铬可发生还原而达到解毒的目的，铬渣中的氧化钙、氧化镁及二氧化硅等也得到利用[1]。

高温下六价铬被炭还原生成氧化铬：

$$4Na_2CrO_4+3C \longrightarrow 2Cr_2O_3+4Na_2O+3CO_2 \qquad (5-28)$$

当温度高于 1 241℃时，Cr_2O_3 可被还原成金属铬，反应方程式为：

$$Cr_2O_3+3C \longrightarrow 2Cr+3CO\uparrow \qquad (5-29)$$

高炉尾气内含 10%～13%的一氧化碳，在高温下六价铬被一氧化碳还原：

$$2Na_2CrO_4+3CO \longrightarrow Cr_2O_3+2Na_2O+3CO_2 \qquad (5-30)$$

炉内最高温度在 1 600℃以上，出料处温度达 1 460℃，铬酸钙在 1 200℃发生热分解反应，反应方程式为：

$$2CaCrO_4 \longrightarrow 2CaO+Cr_2O_3+1.5O_2\uparrow \qquad (5-31)$$

其中，生成的氧化铬存在于玻璃体内，与铬铁矿具有同样的稳定性。

采用铬渣制钙镁磷肥生成的氧化铬具有较高稳定性，但投资费用大，处理物料量大。

（6）铬渣作玻璃着色剂

玻璃是一种由熔融体经冷却而呈无规则排列的非晶态固体。在玻璃熔制过程中引入含铬化合物时，该玻璃可吸收某些波长的光，呈现与透过部分波长的光相应的颜色。因此，铬渣可代替铬铁矿作玻璃制品的着色剂，用作制造翠绿色啤酒瓶及玻璃器皿等[1]。

铬渣作为玻璃着色剂时，铬离子溶解在玻璃熔融体中，生成了含铬离子的玻璃，使玻璃呈翠绿色，铬渣中其余组分也均为玻璃原料。铬渣中含有一定量的熔融剂，能加速玻璃料熔融，渣中含有的氧化铝可增强玻璃器皿的强度。虽然铬渣作为玻璃着色剂已被接受，且解毒效果彻底，但消耗铬渣量有限。

（7）铬渣制微晶玻璃

微晶玻璃是一定组成的配合料经熔融成型后，通过特定温度的受控结晶，在均质玻璃体中形成数量大而尺寸细小的晶粒。其结晶过程包括成核、生长两个阶段。要形成大量的晶核，需要引入适当的晶核剂，而铬渣中的 Cr_2O_3 是理想的成核剂。在还原和高达 1 500℃的熔融状态下，六价铬可完全还原为三价铬，Cr_2O_3 在其后的工艺过程中，作为成核剂诱导结晶，其他离子围绕晶核聚集长大，所以大部分 Cr_2O_3 位于晶粒的中心，未参与结晶的少数三价铬离子冷却后也牢固地位于玻璃结构网络中，非常稳定[84]。

（8）铬渣制铸石

铸石是把某些天然基性岩石和工业废渣混合烧融、浇铸而成的一类人造石材。铸石具有耐磨、耐腐蚀、抗压强度高、绝缘性能好等特点，有广泛的应用价值。铸石的主要成分是 SiO_2，其余成分为 Al_2O_3、FeO、CaO、MgO 等，铬渣中 CaO 和 MgO 含量在 50%以上，其余为 SiO_2、Al_2O_3、Fe_2O_3。两相比较，经过配加其他物质，铬渣可作为铸石的原料。铬渣制铸石解毒彻底、稳定、无二次污染，但用渣量有限，且能耗大、成本高[10]。

此外，铬渣经有效处理后，还可以用于筑路[85]。虽然铬渣有上述不同用途，但由于存在各类限制因素。目前，我国铬冶炼厂的铬渣多还是以露天堆放为主，已造成严重环境危害，酿成恶劣环境事故。不同铬渣的主要技术经济指标对比如表 5-2 所示[1]。

表 5-2　各类铬渣处理方法的技术经济指标对比

项目	Cr^{6+}/（mg/kg）	所需原料	处理能力	占地面积	万吨投资/万元	处理费用/（元/t）
制青砖	—	煤及黏土	不限	大	120	40～50
制钙镁磷肥	—	磷矿、焦炭	不限	大	600	基本平衡
干法解毒	<0.3	煤	不限	小	66	20～25
湿法解毒	4.8	硫化钠、硫酸亚铁	不限	小	65（不回收铬） 115（回收铬）	40
玻璃着色剂	—	石英砂、纯碱、白云石	中	小	—	—
制铸石	—	辉绿岩、石英砂	小	大	500（处理3 000 t铬渣）	—

第6章　铬污染土壤与地下水修复

6.1　含铬土壤、地下水修复技术

铬突发污染后的生态修复主要指受铬污染的土壤与地下水的修复。由于土壤污染和地下水污染是联合在一起的,根据铬迁移转化规律,土壤受铬污染后,铬会渗入地下水,造成地下水污染,同时,含铬地下水在迁移过程中,会污染其他土壤。因此,在修复受铬污染的土壤或地下水时,需要二者同时兼顾,才能够保证修复效果。

未污染地下水中铬浓度变化范围很宽,但大多数天然水的铬浓度小于 0.05 mg/L,这也是美国、欧盟、世界卫生组织和国家饮用水标准规定的六价铬浓度限值。因此,受铬污染的土壤和地下水治理目标是六价铬浓度小于 0.05 mg/L。六价铬在土壤和地下水中以 $HCrO_4^-$、CrO_4^{2-}、$Cr_2O_7^{2-}$ 形式存在,并能以铬酸盐矿物如铬酸钙存在于土壤中。

传统重金属污染的土壤修复途径主要包括:①改变重金属在土壤中的存在形态,使其固定和稳定,降低其在环境中的迁移性和生物可利用性;②从土壤中去除重金属;③将污染地区隔离闲置[86]。

目前,对铬污染土壤及地下水的修复技术主要有两类:一是改变铬在土壤中的存在形态,将六价铬还原为三价铬,降低其在环境中的迁移能力和生物可利用性;二是将铬从被污染土壤中彻底地清除。根据含铬土壤地下水修复技术实施过程中是否需要将受污染土壤迁移，可以将修复技术分为原位修复技术和异位修复技术。

6.1.1　异位修复技术

异位修复技术是一种传统土壤、地下水修复技术，主要是将污染土壤挖掘并处置，将地下水泵出并处理。这类修复无须个案研究，因为问题仅仅是将污染源移到垃圾掩埋场，或转化成含铬废水的处理。

传统地下水修复铬的泵出处理法已不同程度地用了数十年。泵出处理对于控制污染迁移是有效的，但此技术难以清除大量物质。化学强化的泵出处理法可在修复过程中加入还原剂。还原剂用于克服拖尾效应，并减少原位泵出处理修复过程所需的总时间。地下水修复过程中，根据污染物浓度可以划分为 3 段：①源带，浓铬化合物渗漏到地面并经不饱和带渗至地下水层顶部；②浓带，溶有铬的地下水股流中的主要浓度分布区，此带用泵出处理技术处置时有助于该区污染控制；③稀带（位于浓带之外，含铬浓度低），难以用泵出处理技术成功修复，因为浓度很低，铬污染难以短期内明显减少[87]。

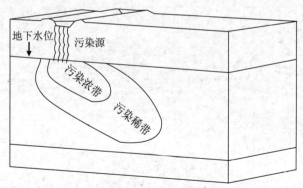

图 6-1　铬污染股流地球化学带的概念模型

6.1.2　原位修复技术

原位修复技术主要将毒性较大、易于迁移的六价铬，通过化学作用、生物作用或其他技术手段，还原为热力学更稳定且易于沉淀的三价铬。目前常用的原位修复技术主要包括：地球化学固定、渗透反应格栅、自然稀释、土壤淋洗和强化浸取、电动修复及生物修复等。

6.1.2.1　化学还原固定

化学还原固定原理是利用铁屑、硫酸亚铁或者其他的一些容易得到的还原剂（也可以辅以一定的黏合剂）将六价铬还原为三价铬，形成难溶的化合物，从而降低铬在环境中的迁移性和生物可利用性，减轻铬污染的危害。根据还原剂的投加方式，化学还原固定可以分为原位地球化学固定和渗透反应格栅化学固定。其中还原剂的注入方式和铬的还原过程如图 6-2 所示[7, 88]。

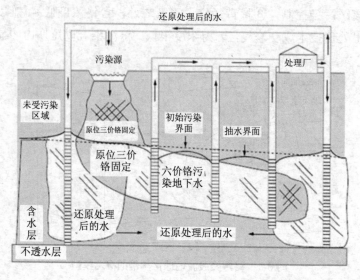

图 6-2　原位注入铬还原过程示意[88]

地球化学固定常用的还原剂主要包括亚硫酸盐、硫代硫酸盐、亚铁盐以及多硫化钙等。不同还原剂和六价铬的反应过程如下：

$$10H^+ + 2CrO_4^{2-} + 3SO_3^{2-} \longrightarrow 2Cr^{3+} + 3SO_4^{2-} + 5H_2O \qquad (6\text{-}1)$$

$$34H^+ + 8CrO_4^{2-} + 3S_2O_3^{2-} \longrightarrow 8Cr^{3+} + 6SO_4^{2-} + 17H_2O \qquad (6\text{-}2)$$

$$14H^+ + Cr_2O_7^{2-} + 6Fe^{2+} \longrightarrow 2Cr^{3+} + 6Fe^{3+} + 7H_2O \qquad (6\text{-}3)$$

$$10H^+ + 2CrO_4^{2-} + 3CaS_2 \longrightarrow 8Ca^{2+} + 2Cr(OH)_3 + 6S + 2H_2O \qquad (6\text{-}4)$$

地球化学固定要求还原剂必须同六价铬接触。因此，当含水层不均匀和沉积物渗透性低时，要求注入系统紧靠高渗透性沉积物（沉积物指石灰岩、砂岩、沙砾、黏土等）。虽然在某种条件下（如存在 MnO_2 时），已还原的三价铬可能重新氧化为六价铬。含铁还原剂（如硫酸亚铁）能够引起铁沉淀，以致在注入处附近形成堵塞。必须对过量还原剂及其副产物进行监控，以免造成新的地下水污染。

渗透反应格栅可用于原位处置地下水中多种化合物及金属。这种被动式处置技术的作用在于：以适度恒定的地下水流方向使污染的地下水移动到处置带。这类技术对浅含水层效果最好。用于渗透反应格栅的两种基本设计是漏斗－闸门型和连续堑壕型，见图 6-3[89]。

要成功安装渗透反应格栅，必须了解地区的垂直及横向股流、地下水梯度、地下水流向、污染浓度、季节性水文变化、污染衰减时间和距离等，这些都是设计渗透反应格栅修复系统的关键因素。

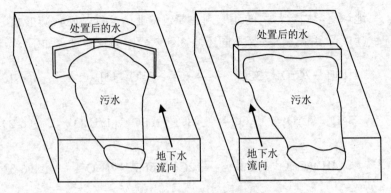

图 6-3　两种渗透反应格栅

　　为了保持地下水流向处置带，用金属支柱或护板制成漏斗，将水引至处置系统。对于低渗透沉积物，如淤泥和黏土，渗透反应格栅可设计垂直于股流的堑壕型，堑壕内放置处置介质。这样可以使目标污染物与处置介质进行物理接触。漏斗－闸门使用不渗透漏斗，漏斗由不渗透材料构成。漏斗的作用是将污染的地下水引向处置带。如果地下水流向变到漏斗捕获带外侧，可能出现旁路。处置带可用桶式螺旋钻孔或其他方法安装。

　　渗透反应格栅处置六价铬污染地下水使用的典型元素是零价铁。铬酸盐被零价铁还原。零价铁提供还原六价铬所需的电子，同时被氧化为 Fe（Ⅱ）或 Fe（Ⅲ）。在铁存在时，三价铬从溶液中以铬和铁混合的氢氧化物沉淀出来，后者比纯固体氢氧化铬的溶解度更低。

6.1.2.2　化学清洗法

　　铬污染土壤所含铬是被土壤颗粒表面吸附或溶解在土壤孔隙（毛细管）水中的铬酸盐。化学清洗法就是利用水头压力推动清洗液通过污染土壤而将铬从土壤中清洗出去，最终使洗脱水六价铬浓度符合要求，然后再对含有铬的清洗液进行处理。清洗液可能含有某种络合剂，或者就是清水。相关研究[90]比较了 EDTA、NTA、SDS 和 HCl 4 种清洗剂从被污染碱性土壤中去除铬和铅的能力。结果表明：EDTA、NTA 和 SDS 在较宽的 pH 范围内都有清洗能力，清洗效果取决于 pH 和络合平衡。EDTA 清洗效果最好，用 0.1 mol/L 的 EDTA 在 pH<3 时清洗可去除 100%的铅；在 pH =12 时，可去除 54%的铬和 96.2%的铅。使用 2%～8%的 HCl 能去除所有的铅和铬，但约有一半的土壤基质也被溶解，使后续的废水处理变得很困难[91]。

化学清洗的总体效率既与清洗剂和污染物之间的作用有关，也与清洗剂本身的物理化学性质及土壤对污染物、化学清洗剂的吸附作用等有关。应选择生物降解性好、不易造成土壤二次污染的清洗剂。如果可能，最好直接使用清水。化学清洗法费用较低，操作人员不直接接触污染物；但仅适用于沙壤等渗透系数大的土壤，且引入的清洗剂易造成二次污染。

6.1.2.3　生物修复法

用特定的动物、植物和微生物吸收、降解土壤中的重金属，从而达到净化土壤的目的。生物修复主要有动物修复、微生物修复和植物修复。动物修复是利用土壤中的某些低等动物（如蚯蚓、鼠类等）吸收土壤中的重金属；植物修复是利用某些植物能忍耐和超量积累某些重金属的特性，在自然生长中遗传超培育植物对土壤中的污染物进行固定和吸收，从而达到清除土壤中重金属的目的，这是一种经济、有效且非破坏性的修复技术；微生物修复是利用土壤中的某些微生物对重金属有吸收、沉淀、氧化和还原的作用，减少土壤中重金属的毒性。多种细菌能将 Cr^{6+} 还原为 Cr^{3+}，有的是通过摄入 Cr^{6+} 排出 Cr^{3+}，有的则是通过排出的还原性物质将 Cr^{6+} 还原。植物修复对污染物的耐性是有限的，适合于修复污染不是很严重的、只是浅层受到污染的土壤或沉积物。植物生长需要适宜的环境条件，生长周期一般也较长[48]。

6.1.2.4 电动修复法

用电动修复技术处理土壤中的六价铬，以石墨为阴极、铁为阳极为例，在污染土壤两端加上直流电场。阳极的铁电极因失电子成为亚铁离子而溶解，含六价铬的阴离子迁移到阳极附近，可被亚铁离子还原为三价铬。

电动修复法与化学清洗法、化学还原法相比，电动修复具有耗费人工少、接触毒害物质少、经济效益高等优点；特别是在治理孔径小、渗透系数低的密质土壤时，水力学压力很难推动清洗液或菌液在土壤间隙中流动，传质过程受到很大的抑制，此时电渗流是强化传质的最有效的途径[86]。

6.2 含铬土壤、地下水修复技术应用

本书摘选部分美国 CRC 出版社出版的 Independent Environmental Technical Evaluation Group，IETEG Chromium（Ⅵ）Handbook 中的应用案例[7]，以描述不同含铬土壤、地下水修复技术在实际土壤、地下水修复过程中的应用。案例参考《铬盐工业》上发表的由纪柱先生的相关翻译[92]。

6.2.1 俄勒冈州联合铬制品公司土壤修复

联合铬制品公司（UCP）过去是一家电镀厂，占地约 10 000 m^2，位于俄勒冈州 Corvallis 市。1960—1977 年未知数量的镀铬废液排放到干井中，出现明显的土壤和地下水污染，并威胁饮用水水源。该场地修复采用几种原位淋洗法去除了土壤和地下水中大量的铬。现场地下水处置采用化学还原和沉淀法，将抽出地下水中的铬处理后排放。

6.2.1.1　厂区位置与历史

　　联合铬制品公司位于俄勒冈州 Corrallis 市机场路 2000 号，市南 4.83 km，在机场工业研究开发园内，其所有权性质是 Corvallis 市租借给经营者。该厂 1956—1985 年从事工业电镀。在此期间，泄漏的镀铬废液流至现场邻近的干井中。此干井一直用于收集在厂内污水坑中的地面滴漏液、清洗水和产品洗涤水。这些液体排放前先用氢氧化钠或碳酸钠中和。干井位于南北向排水沟以东 9.14 m，该排水沟被工厂北面的人造东西向水渠分为两段，水渠的水流至小溪，最后流入 Booneville Slough 河及 Willamette 河。室内镀槽泄漏镀液直接渗入地下土壤。监测结果显示地下水、地表水、沉积物和土壤被铬污染。

　　市区两口井位于厂东北约 914.4 m（Corvallis 市不用这两口井）。尽管如此，在距该厂 4.83 km 以内的范围约有 42 000 人居住，最近的住宅离厂约 274.3 m。Corvallis 从 Willamette 河取水，Willamette 河过去接纳沟渠排水和厂区地表水。

　　早期地下调查由与美国环保局签约的生态与环境组织于 1983 年和 1984 年完成。调查得知该处明显危害人体健康和生态安全，被美国环保局列入国家优先控制名录（NPL）。工作包括污染残骸和污染土壤移出，安装地下水抽取及处置系统，修整排水沟以防止污水进入地区地表水排水网。1986 年 9 月选定方案，1988 年完成。修复方案预算为 1 580 000 美元，每年作业及维护费为 261 000 美元。

　　美国环保局和 Corvallis 市取得一致后，该市于 1988 年着手清除工作。2000 年进一步调查研究暴露另外两个新热点，其后移出 1 770 t 土壤，堆放在批准的危险废物垃圾掩埋场。美国环保局和 Corvallis 市签署了双边验收文件后，该市完成了清除工作，并继续进行地下水抽取和治理，直到铬浓度满足治理目标为止。Corvallis 市也对厂区外沉积物进行了评估，确信对野生动植物和蔬菜没有不利影响。

6.2.1.2 厂区性状

厂区位于 Willamette 河谷中部的宽阔冲积平原，处在平坦的地面。这部分河谷的特性是：土壤剖面发育宽广，季节性上层滞水，地表排水不畅，致大量降雨时形成地表径流而不是补充地下水。厂区地面下为构成更新世早期或全新世冲积层的松散黏土、淤泥、砂和沙砾。

土壤中总铬浓度高达 60 000 mg/kg，地下水中总铬浓度高达 19 000 mg/L。地表水溶解铬股流延伸至距现场 3.22 km，沉积层溶解铬股流延伸至距现场 2.41 km。浅层为地下水透水层较低渗透性土壤（淤泥、黏土）内受到的水压小。这类地层封闭（阻隔）着主要是砂和沙砾的地层，并作为深部含水带或含水层。浅井延伸至地表下约 4.57 m，深井约 9.14 m（大约在封闭层底部以下 1.52 m）。

三价铬的溶解度相对小，对地下水的污染很小。六价铬在水中溶解度高，浅层土壤六价铬浓度高。

6.2.1.3 修复研究

美国环保局 1985 年作为紧急任务处理，并提出从厂区将约 30 282.4 L 铬污染地下水和 4 989.52 kg 危险废物移至厂外的垃圾掩埋场。最后方案采用将全部土壤淋洗。系统设计处置浅层和深层含水体系，形成从深含水层注入井经隔水黏土层到上层抽出井的垂直向上的逐次淋洗。方案包括安装地下水抽取和处置系统、拆除建筑物。安装约 15 口遍及上部含水带的浅井（深度 4.57～6.10 m），5 口遍及下部封闭含水层的深井（深度 10.67～12.17 m）。浅含水带安装 23 套水井抽取设施，深部沙砾含水层安装注入井和抽水井网。地面的地下水处置车间采用化学还原沉淀法将抽取的地下水中的铬除去后送至附近城市废水处理厂。

使用渗透盆、渗透沟和注入井 3 种渗透法。有敞开底的两个地面渗透盆或滤透盆构筑在前干井区和前镀槽区，以淋洗浅层无压力上面污染的土壤。构筑这些盆时大约挖出 317.5 t 污染土壤，送往安全处置厂。1 号和 2 号盆将水分别以平均速度 28.768 m³/d 和 11.355 m³/d 输送至上含水带。冬季输送速度大约比夏季降低一半。

渗透沟在开始修复后 22 个月构筑，长 30.48 m，深 2.44 m，构筑沟的作用是增大抽出井夏季沿股流长轴方向的输送速度。水平面维持在参考水准面（地表面与建筑物基础相遇的高度）下 1.22 m。渗透速度平均为 9.5 m³/d。

第 3 种措施是补给地下水，即经两口井向深部含水带注水。向深部含水带注水的目的是使上部非封闭层和深部封闭含水层之间的垂直梯度反转。

安装管路连接敞开的排水沟，以便与地表水分流，防止地表水被厂区抽出的地下水污染。

6.2.1.4　修复实施

原位淋洗用作处置土壤中大量铬的主要技术。实施泵出方案以从水力学上围堵六价铬股流。六价铬的最大浓度测得值从大于 5 000 mg/L，经淋洗两年半后降为 50 mg/L。淋洗了孔体积第一个 1.5 倍的水后，地下水暗流多次测量的平均铬浓度由 1 923 mg/L 降至 207 mg/L（孔体积约 984 000 L）。这种除去速度可以指望继续用若干个孔体积水处置直到六价铬浓度降至逼近要求。

6.2.1.5　修复效果

2002 年年底到 2003 年年初美国环保局计划着手对该厂区自 1988 年设置地下水及其抽取系统后的第三个五年评估。其目的是评定厂区清除工作的整个效果，以有利于制定在清除目标到达后，终止美国环保局的项目支持。美国环保局原计划继续其 5 年评估，直到污染浓度降低到地下水可以无限和自由利用为止。

2002 年 11 月约有 14 515 kg 铬和 115 450 m³ 污染的地下水已抽出并处置。约 54.43 kg 铬和 177 910 m³ 地下水从深部含水层抽出。

23 口上层地下水抽出井除 3 口外均已满足清除目标，下层抽取井除两口外几乎全都已满足清除目标。此后大部分地下水抽取系统已经退役。另外，现场处置厂迁出，39 口抽取和监测井也已退役。

6.2.2　加利福尼亚州 Windsor 木材处理厂地下水修复

本修复案例是美国首批采用原位注入地球化学固定化学品，对六价铬污染地下水进行修复的工程。

6.2.2.1　工厂所处位置与历史

木材处理厂位于加利福尼亚州 Sonoma 县 Windsor 镇，采用酸式铬酸铜（ACC，$CuCrO_4$）作木材防腐剂。防腐处理过的木材主要用于构筑冷却塔。该厂从 1965 年运行至 1984 年。其间只在 1966 年使用铬砷酸铜进行过特定项目的木材处理。木材处理厂占地数公顷。铬砷酸铜（CCA）是五氧化二砷（As_2O_5）、铬酸酐（CrO_3）和二价氧化铜（CuO）的混合物。

前木材处理厂使用酸式铬酸铜作木材防腐剂，处理过的木材用于构筑冷却塔。生产时间为 1965—1984 年。近 20 年木材防腐作业使厂区明显受到有毒金属污染。在联邦政府和加州提出要求和作出规定之前，该厂对大部分化学品的运输、储存和使用已经有了一些措施。

$CuCrO_4$ 溶液滴漏和溢出的积累，导致浅层土壤受到六价铬污染。$CuCrO_4$ 中的主要元素铜也在土壤中检出高浓度。高砷浓度仅在几处土壤样品中检出，估计原因是整个作业期内木材防腐剂都使用$CuCrO_4$，只短期使用富砷的铬砷酸铜。浅层地下水仅被六价铬污染。

6.2.2.2　厂区现状

1992 年起，前木材处理厂将地下水抽出，在地面用电化学水处理系统处置。由于含水层沉积岩渗透性低，地下水的抽出存在问题。厂区用泵出处理修复法处置十余年，六价铬的清除效果不明显。证明泵出处理地下水系统受到水力学控制和股流稳定性的限制。在不饱和带/溢出源带的渗流区甚至泵出处理修复多年后仍观察到明显的六价铬，说明六价铬的高溶解度未能从不饱和带浸出并进入地下水。安装了 Lysimeters 测量不饱和带孔隙水中水溶铬，测得其浓度超过 2 000 mg/L。

6.2.2.3 修复方案研究

评估了地下水泵出处理法。用测渗计测得不饱和带水溶铬浓度超过 2 000 mg/L。基于这种土壤浓度，物质迁移速度，地下水抽出受低渗透性限制，以及低地下水流，要满足清除浓度要求需持续修复 15~20 年。另外，由于法规和当地卫生处置计划要求，处置后的水应只能重新注回浅含水层。因为浅层含水带是低渗透性、低流动含水层，大量处置后的水重新注回还存在疑问。

利用含水层试验对泵出处理所作的评估，钻探记录和沉淀物的岩石学和地质学研究，以及水再注入井低性能历时的研究，给向地下原位直接注入治理用化学药剂提供了依据。另外，开挖的浅层渗透沟渠穿过主要污染源区，将还原剂分批引入高污染源土壤。在每年雨季（加州为 11 月至来年 3 月）开始之前向沟渠引入治理用化学药剂。雨水渗入沟渠后有效地将治理用化学药剂分布到污染源区。

由于含水层的低渗透性，对铬污染地下水的治理能力明显减小。注入亚铁离子的野外试验，由于铁沉淀堵塞土壤孔隙，进一步降低了厂区土壤的渗透性。因此，1997 年夏选用硫基还原剂多硫化钙（CaS_5）作为野外半工业试验用的还原剂。由于该区难以进行地下水抽出和再注入，采用直接推进探针技术高压下注入 CaS_5。用最大压力约 1.38 MPa 注入还原剂。先用高压将股流水力压裂。随着还原剂渗透到污染源区的不饱和带，处置过程逐渐增强。

在六价铬污染的地下水区域，还原剂用直接推进探针技术注入浅含水层，水压驱动定制的直径 19 mm 螺纹钢管进入污染区。注入孔按间距 6.10 m 呈格栅状分布。另外，注入孔设计成与地下水流方向垂直交错排列，以保证治理用化学药剂得以最大限度地横向覆盖和分散。还原剂使用专门制作的泵送装置在约 1.38 MPa 压力下注入，以进一步改善治理用化学药剂在地下的分布。CaS_5 用直接推进探针技术高压泵入。

有易耗金属末端的注入杆送入参考水准面（地表面与建筑物基础相遇的高度）下约 4.57 m。在该点注入杆打破并缩回到距钻孔底约 1.52 m，暴露于沉积物 1.52 m。将盛于桶中 208.19 L 浓度为 29% 的 CaS_5 溶液泵进注入杆，再泵入 946.33 L 水，直至 1 135.6 L 液体以 75.71 L/min 速度泵入注入孔中。用 10 天构筑总共 114 口注入孔。安装钢质注入杆并留在地下以便注入药剂。野外数据表明注入孔的影响半径超过 3.05 m。

基于半工业试验的成功，以及对修复选项的严格评价，决定选用直接注入还原剂和进行连续地下水监测。

6.2.2.4 修复实施

原先采用地下水泵出处理受水力学梯度控制，后采用直接注入还原剂以降低六价铬浓度。

注入之前，六价铬浓度范围从 1993 年夏至 1997 年春由 8 mg/L 升至 16 mg/L。地下水面海拔范围为 1994 年 7 月 3 日干旱夏季海拔为 28.96 m 的低面，至 1995 年 1 月 2 日潮湿冬季海拔 31.39 m 的高面。直接注入前后的水平面高度（海拔）和六价铬浓度见图 6-4。

1997 年夏初注入还原剂，当时六价铬平均浓度为 8 mg/L。测渗计（1 ys imeter）孔隙水样显示，向渗透沟渠引入还原剂头 24 个月，六价铬浓度降低了一个数量级。直接注入后观察到六价铬浓度降低。从最初注入起，浅层地下水污染物浓度衰减的趋势延续 18 个月以上。这种衰减趋势一直持续到此为止。

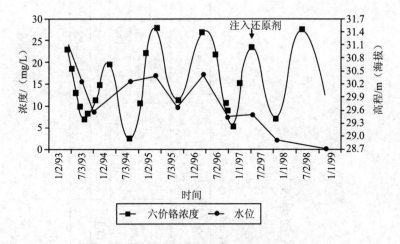

图 6-4 铬浓度和地下水的关系

图 6-4 的六价铬浓度和水面高度说明了厂区实施后监测的平均结果。直接注入还原剂之前，浅层地下水面与六价铬浓度之间相关，1997 年春直接注入后，这种相关关系即消失。在六价铬高浓度区仍存在六价铬，1999 年另行实施注入工作。

6.2.2.5 修复效果

还原反应的半衰期为数月。用直接推进探针技术高压泵入较多还原剂比传统的滤井或滤墙好。结果说明还原剂 CaS_5 是成功的，18 个月后该区六价铬浓度明显降低。

附　录

附录 I　铬相关化合物及其物理性质

表 I-1　铬相关化合物及其物理性质

名称	化学式	CAS 号	分子量/Da	密度/(g/cm³)	熔点/℃	沸点/℃	溶解度/(mg/L)	物理性状
醋酸铬（Ⅱ）	$Cr(C_2H_3O_2)_2$	17593-70-3	170.1	1.79			可溶	
12水合醋酸铬（Ⅲ）	$Cr(C_2H_3O_2)_2 \cdot 12H_2O$	1066-30-4	229.1				微溶	灰绿色，粉末
醋酸铬（Ⅲ）	$Cr(C_2H_3O_2)_3$	1066-30-4	285.2				可溶	蓝色，针状
锑化铬（Ⅲ）	$CrSb$	21679-31-2	349.3	7.11	1 110			六面体晶体
砷化铬（Ⅲ）	Cr_2As	12254-85-2	178.9	7.04				四面体晶体

名称	化学式	CAS 号	分子量/Da	密度/(g/cm³)	熔点/℃	沸点/℃	溶解度/(mg/L)	物理性状
溴化铬（III）	$CrBr_3$	10031-25-1	291.7	4.68	1 130		溶于热水	黑绿，六面体晶体
硼化铬（III）	CrB	12006-79-0	62.8	6.1	2 100	难熔		斜方晶体
硼化铬（VI）	CrB_2	12007-16-8	73.6	5.22	2 200	难熔		斜方晶体
硼化铬（IV）	Cr_5B_3	12007-38-4	292.4	6.1	1 900			
溴化铬（II）	$CrBr_2$	10049-25-9	211.8	4.236	842		可溶	白色，单晶体
溴化铬（IV）	$CrBr_4$	23098-84-2	371.6					气体
碳化铬	Cr_3C_2	12012.35.0	180.0	6.65	1 890	3 800	不溶	灰色，正交晶体
碳化铬	$Cr_{23}C_6$	12105-81-6						不稳定
碳酰铬（VI）	$Cr(CO)_6$	13007-92-6	220.0	1.77	110~130	120	不溶	白色，水晶状固体
碳酸铬（II）	$CrCO_3$			2.75			微溶	灰蓝，不定型粉末
氯化铬（II）	$CrCl_2$	10049-05-5	122.9	2.878	815~824	1 120	易溶解	白色，针状
氯化铬（III）	$CrCl_3$	10025-73-7	158.4	2.76	1 150	1 300	可溶于冷水	紫红色，晶体
氯化铬（IV）	$CrCl_4$	15597-88-3	193.8	0.008 5（gas）		>600 分解		高温下稳定
亚铬酸钴（VI）	$CoCr_2O_4$	13455-25-9	226.9	5.14			不溶解	蓝绿色，立方晶体

名称	化学式	CAS 号	分子量/Da	密度/(g/cm³)	熔点/℃	沸点/℃	溶解度/(mg/L)	物理性状
亚铬酸铜（VI）	$CuCr_2O_4$	12018-10-9	231.5	5.4			不溶解	灰黑色，四面体晶体
氟化铬（II）	CrF_2	10049-10-2	90.0	3.79	894	1 300	微溶	蓝绿，单斜晶体
氟化铬（III）	CrF_3	7788-97-8	109.0	3.8	1 404		微溶	绿色，晶体
氟化铬（IV）	CrF_4	10049-11-3	128.0	2.9	277	400		紫罗兰色，晶体
氟化铬（V）	CrF_5	14884-42-5	147.0		34	117		红色晶体
氟化铬（VI）	CrF_6	13843-28-2	166.0		−100（分解）		可溶	黄色水晶固体
氢氧化铬（III）	$Cr(OH)_3$	1308-14-1	103.0		>100（分解）		难溶	
碘化铬（II）	CrI_2	13478-28-9	305.8		868	1 100	可溶	红褐色晶体
碘化铬（III）	CrI_3	13569-75-0	432.7		500（分解）	500	微溶	深绿色晶体
碘化铬（IV）	CrI_4	23518-77-6	559.6					
亚铬酸铁（VI）	$FeCr_2O_4$	1308-31-2	223.8	5				黑色，立方晶体
硝酸铬（III）	$Cr(NO_3)_3$	13548-38-4	238.0		60		易溶解	绿色，粉末
氮化铬（III）	CrN	24094-93-7	66.0	5.9	1 080（分解）			灰色晶体
水合草酸铬	$CrC_2O_4 \cdot H_2O$	814-90-4	158.0	2.468			可溶	黄绿色，粉末

名称	化学式	CAS 号	分子量/Da	密度/(g/cm³)	熔点/℃	沸点/℃	溶解度/(mg/L)	物理性状
氧化铬（Ⅲ）	Cr_2O_3	1308-38-9	152.0	5.21	2 330	约 3 000	不溶解	深绿色，粉末晶体
氧化铬	Cr_3O_4	12018-34-7	220.0	6.1				立方晶体
氧化铬（Ⅳ）	CrO_2	12018-01-8	84.0	4.89	400（分解）		不溶解	黑褐色，针状晶体
氧化铬（Ⅵ）	CrO_3	1333-82-0	100.0	2.7	190	约 250	617 000	淡红色，晶体
高氯酸铬（Ⅵ）	$Cr(ClO_4)_3$	13537-21-8						
磷酸铬（Ⅲ）	$CrPO_4$	7789-04-0	147.0	4.6	>1 800		不溶	蓝色，晶体
磷化铬（Ⅲ）	CrP	26342-61-0	83.0	5.25				正交晶体
硫酸铬（Ⅲ）钾	$CrK(SO_4)_2$	10141-00-1		1.813	89		可溶	深紫色
硒化铬（Ⅱ）	$CrSe$	12053-13-3	131.0	6.1	约 1 500			六方晶体
硅化铬	Cr_3Si	12018-36-9	184.1	6.4	1 770			立方晶体
硅化铬	$CrSi_2$	12018-09-6	108.2	4.91	1 490			灰色，六方晶体
硫酸铬（Ⅲ）	$Cr_2(SO_4)_3$	10101-53-8	392.2	3.1			不溶解	黄褐色，六方晶体
硫酸铬（Ⅱ）	$CrSO_4 \cdot 5H_2O$	13825-66-0	238.1				可溶解	蓝色晶体
硫化铬（Ⅲ）	Cr_2S_3	12018-22-3	200.2	3.8				黑褐色晶体
碲化铬（Ⅲ）	Cr_2Te_3	12053-39-3	486.8	7	约 1 300			黑色六方晶体
亚铬酸锌（Ⅵ）	$ZnCr_2O_4$	12018-19-8	233.4	5.29				绿色，立方晶体

名称	化学式	CAS 号	分子量/Da	密度/(g/cm³)	熔点/℃	沸点/℃	溶解度/(mg/L)	物理性状
亚铬酸铵（Ⅵ）	$(NH_4)_2Cr_2O_4$	7788-98-9	152.1		185		可溶	黄色晶体
铬酸钡（Ⅵ）	$BaCrO_4$	104294-40-3	253.3	4.5			不溶解	黄色晶体
铬酸镉（Ⅵ）	$CdCrO_4$	14312-00-06	228.4	4.5			不溶解	黄色晶体
铬酸钙（Ⅵ）	$CaCrO_4$	13765-19-0	156.1	2.89			微溶，<100	亮黄色粉末
铬酸钴（Ⅵ）	$CoCrO_4$	24613-38-5	174.9				可溶解	黑棕色晶体
铬酸铜（Ⅵ）	$CuCrO_4$	13548-42-0	179.5				可溶解	红黄色晶体
铬酸铁（Ⅵ）	$Fe_2(CrO_4)_3$	10294-52-7	459.7				微溶	黄色粉末
铬酸铅（Ⅵ）	$PbCrO_4$	7758-97-6	323.2	6.123	844		微溶，<100	橘黄色晶体
铬酸锂（Ⅵ）	Li_2CrO_4	14307-35-8	165.9	2.15	75（分解）		可溶	黄色晶体
铬酸汞（Ⅵ）	Hg_2CrO_4				加热分解		不溶	砖红色粉末
铬酸汞（Ⅵ）	$HgCrO_4$	13444-75-2	316.6	6.06			可溶	红色单晶体
铬酸银（Ⅵ）	Ag_2CrO_4	7784-1-2	331.7	5.625			不溶	褐色晶体
铬酸钠（Ⅵ）	Na_2CrO_4		162.0	2.72	792		微溶	黄色晶体
铬酸锶（Ⅵ）	$SrCrO_4$	7789-6-2	203.6	3.9	分解		可溶	黄色单晶体

名称	化学式	CAS号	分子量/Da	密度/(g/cm³)	熔点/℃	沸点/℃	溶解度/(mg/L)	物理性状
铬酸钾（VI）	K_2CrO_4	7789-00-6		2.739	97~975		易溶解	黄色斜方晶体
铬酸锌（VI）	$ZnCrO_4$	13530-65-9						固体
氯氧化铬（VI）	CrO_2Cl_2	14977-61-8	154.9	1.9145	-96.5	116~117	可与水反应	深红，有毒
重铬酸胺（VI）	$(NH_4)_2Cr_2O_7$	7788-9-5	252.1	2.15	170		310 000	橘色晶体
重铬酸钡（VI）	$BaCr_2O_7 \cdot 2H_2O$	10031-16-0	389.3		分解		与水反应	红褐色晶体
重铬酸钙（VI）	$CaCr_2O_7$	14307-33-6	256.1	2.136			可溶	红褐色晶体
重铬酸铁（VI）	$Fe_2(Cr_2O_7)_3$	10294-53-8	759.7				可溶	棕黄色固体
重铬酸锂（VI）	$Li_2Cr_2O_7$	13843-81-7	416.6	2.34	130		溶解	微红色粉末
重铬酸汞（VI）	$HgCr_2O_7$	7789-19-8	294.2	2.676	398		微溶	橘黄晶体
重铬酸钾（VI）	$K_2Cr_2O_7$	7778-50-9	294.2	2.676	398	500	49 000	红色晶体
重铬酸银（VI）	$Ag_2Cr_2O_7$	7784-2-3	431.7	4.77			溶解性	红色晶体
重铬酸钠（VI）	$Na_2Cr_2O_7$	10588-01-9	262.0	3.57	356.7	400	易溶解	红色晶体
重铬酸锌（VI）	$ZnCr_2O_7$	14018-95-2	281.4					红色晶体

附录Ⅱ 全国主要铬盐生产企业

表Ⅱ-1 全国主要铬盐生产企业

序号	企业名称	生产能力/万 t
1	河北铬盐化工有限公司	2
2	石家庄井陉福海铬盐厂	0.25
3	山西昔阳县大通化工有限公司	0.9
4	内蒙古黄河铬盐股份有限公司	1.5
5	内蒙古永宁铬盐厂	0.7
6	江苏盐城东升化工厂	0.2
7	山东济南裕兴化工总厂	4
8	河南义马市振兴化工有限公司	3.3
9	黄石振华化工有限公司	2.5
10	重庆民丰农化集团股份有限公司	2
11	四川安县银河建化集团有限公司	3
12	云南陆良化工实业有限责任公司	2
13	云南楚雄毛定化工厂	0.7
14	陕西商南县东正有限责任公司	0.4
15	甘肃白银甘藏银晨铬盐有限责任公司	1.25
16	甘肃民乐富源化工有限责任公司	1.2
17	甘肃民乐县化工厂	1
18	甘肃酒泉祁源化工有限公司	1.5
19	甘肃永登县永青化工厂	0.1
20	青海星火铬盐厂	1
21	青海湟中县铬盐化工厂	0.2
22	新疆联达实业股份有限公司	1.5
23	锦州铁合金厂	1
24	湖南铁合金集团有限公司	0.7
	总计	32.9

附录III　部分环境标准中铬的限值

表III-1　我国部分环境标准中铬含量限值

水质标准名称	项目限值/（mg/L）
《地表水环境质量标准》 （GB 3838—2002）	Ⅰ类：0.01（六价铬） Ⅱ类：0.05（六价铬） Ⅲ类：0.05（六价铬） Ⅳ类：0.05（六价铬） Ⅴ类：0.1（六价铬）
《地下水质量标准》 （GB/T 14848—93）	Ⅰ类：0.005（六价铬） Ⅱ类：0.01（六价铬） Ⅲ类：0.05（六价铬） Ⅳ类：0.1（六价铬） Ⅴ类：>0.1（六价铬）
《海水水质标准》 （GB 3097—1997）	Ⅰ类：0.005（六价铬）；0.05（总铬） Ⅱ类：0.010（六价铬）；0.10（总铬） Ⅲ类：0.020（六价铬）；0.20（总铬） Ⅳ类：0.050（六价铬）；0.50（总铬）
《大气污染物综合排放标准》 （GB 16297—1996）	0.08 mg/m^3（铬酸雾）
《生活饮用水卫生标准》 （GB 5749—2006）	0.05（六价铬）
《生活饮用水卫生规范》（2001）	0.05（六价铬）
《城市供水水质标准》 （CJ/T 206—2005）	0.05（六价铬）
《饮用天然矿泉水》 （GB 8537—2008）	0.05（六价铬）
《农田灌溉水质标准》 （GB 5084—1992）	0.1（六价铬）

水质标准名称	项目限值/（mg/L）	
《渔业水质标准》 （GB 11607—89）	0.1	
《污水综合排放标准》 （GB 8978—1996）	1.5（总铬）；0.5（六价铬）	
《城镇污水处理厂污染物排放标准》 （GB 18918—2002）	0.1（总铬）①	
《土壤环境质量标准》 （GB 15618—1995）	90 mg/kg（一级）②	
《大气污染物综合排放标准》 （GB 16297—1996）	0.08 mg/m³（铬酸雾）③	
《固体废弃物浸出毒性鉴别标准》 （GB 5058.3—1996）	10（总铬）；1.5（六价铬）	
《电镀污染物排放标准》 （GB 21900—2008）	现有企业	1.5（总铬）；0.5（六价铬）
	新建企业	1.0（总铬）；0.2（六价铬）

注：① 《城镇污水处理厂污染物排放标准》（GB 18918—2002）中污泥农用时污染物限制
标准，总铬最高允许含量在酸性土壤上（pH＜6.5）为 600 mg/kg 干污泥，在中性
和碱性土壤上（pH≥6.5）为 1 000 mg/kg 干污泥。

② 《土壤环境质量标准》（GB 15618—1995）中一级标准水田、旱田都为 90 mg/kg。
二级铬标准限值中 pH＜6.5 时，水田 250 mg/kg，旱田 150 mg/kg；6.5＜pH＜7.5
时：水田 300 mg/kg，旱田 200 mg/kg；pH＞7.5 时，水田 350 mg/kg，旱田 250 mg/kg。
三级标准中，pH＞6.5 时，水田 400 mg/kg，旱田 300 mg/kg。

③ 《大气污染物综合排放标准》（GB 16297—1996）现有污染源大气污染物排放限值
规定的铬酸雾最高允许排放浓度 0.08 mg/m³。

附录Ⅳ 铬的人体代谢与毒性

铬属于过渡金属，铬原子外层和次外层电子结构使其有多种价态，从负二价至正六价中任一种价态均存在，但在自然条件下稳定、常见的主要为三价铬和六价铬，此外，金属铬在人类生产生活过程中有着广泛应用。这三种价态铬的生理作用截然不同，六价铬对有机体有害，适量三价铬有益于人体健康，而零价铬对有机体呈惰性，既无营养作用，也不存在有害作用[68, 93]。

因此，考虑铬的毒性及对人体的危害，不仅需要考虑铬的存在浓度，还需要分析各种价态条件下铬的毒性和对人体的危害。

一、铬的代谢

1. 铬在人体中的分布

铬在健康成年人体内的总含量为 6 mg 左右，组织中平均浓度为 8.6 μg/kg（灰化重量）。从世界一些国家和地区来看，发达国家人体铬含量较低，发展中国家人体铬含量较高，一些过原始部落生活的人体中铬含量更高。不同人体组织中铬浓度含量如表 2-1 所示[3]。

表Ⅳ-1 人体组织中铬浓度　　单位：μg/kg，灰化重量

组织	铬浓度	组织	铬浓度	组织	铬浓度	组织	铬浓度
副肾	10.0	十二指肠	3.4	肌肉	2.3	胃	4.1
大动脉	4.5	肾脏	2.1	卵巢	49.0	睾丸	2.0
脑	3.5	喉头	2.1	胰脏	3.7	甲状腺	2.5
心脏	3.4	肝脏	3.0	皮肤	41.0	膀胱	10.0
食道	5.1	肺	16.0	脾脏	1.5	—	—

南开大学余素清等[94]报告骨样中铬含量（直流电弧原子发射光谱法）为 3.24 μg/g。北京大学何俊英等[95]报告指甲铬浓度：小学生为 3.20 μg/g，大学生为 3.70 μg/g。铬也是核酸的重要组成成分，Wackcr 等[3]在实验中发现核酸中存在铬、锰和镍等金属。

铬在人体组织内的含量随年龄增大而减少，在各种必需微量元素中只有铬具有这种特征。

在研究铬的年龄分布方面，美国 Schroeder 等[96]的工作进行得较早。他于 1967 年研究了美国人脾、肾肝、主动脉、肺和心脏中的铬含量以后，发现新生婴儿体内铬含量最高，然后逐渐降低，10 岁前维持较高水平，10 岁以后降至成人水平，然后再缓慢降低，60 岁以后降至最低水平。对于从青春期至晚年这段时间中，铬从身体中流失的原因，可能是由于食用精制粮食和食品，而这样的食品所提供的铬很少，不能补偿从尿中流失的铬，最终导致体内储存的铬耗竭。我国近年也有报告，发现人发铬也有随年龄增加而减少的现象，并发现中老年人有一定的缺铬现象。但对一些长寿者的观察发现：他们的铬水平并不很低。铬含量的年龄分布与健康和衰老存在一定的关系。不同年龄人体组织中铬浓度分布如表IV-2 所示[3]。

表IV-2　不同年龄的人体组织中铬浓度　　　单位：mg/kg，灰化重量

年龄\组织	0～45d	45d～10岁	10～20岁	20～30岁	30～40岁	40～50岁	50～60岁	60～70岁	70～80岁	80岁以上
肾	51.8	57.5	3.7	2.2	2.1	3.9	3.0	2.4	2.0	10.0
肝	17.9	16.6	4.6	2.9	1.8	3.1	2.5	1.3	1.1	1.3
肺	85.2	10.1	6.8	8.2	15.8	31.8	24.2	21.0	38.0	1.1
大动脉	19.5	7.0	7.0	4.2	9.1	4.9	4.2	4.4	2.6	0
心	82.4	1.7	2.1	3.3	3.8	6.0	3.7	3.0	2.9	0
胰	—	2.6	3.4	2.5	6.5	2.5	3.6	3.7	2.9	0.9
脾	27.0	4.1	1.6	1.1	1.7	1.5	1.8	3.0	1.9	0.3
睾丸	—	—	2.1	1.8	3.1	3.2	2.3	3.6	1.1	1.0

2. 铬的生物学作用

人体肌肉、脏器、血液中均含有以三价铬形式存在的铬。自 1957 年发现葡萄糖耐量因子（GTF），1959 年初步证实其生理作用，其后医学、生物、化学等多学科学者进行了具有 GTF 同样功能的三价铬化合物合成及其在医疗、保健、饲料等方面的基础研究和应用试验，人们逐渐开始了解三价铬的生理作用。在仿制 GTF 的研究与应用过程中，科学家先使用低廉易得的氯化铬、硫酸铬，它们虽有 GTF 类似功能，但人体吸收率低（小于 1%）；其后参考 GTF 分子中含有烟酸制成了多烟酸铬（β-吡啶甲酸铬）及其异构体三皮考啉酸铬（α-吡啶甲酸铬），用啤酒酵母制成铬酵母，并成为至今医药、保健、饲料最常用的添加剂；近年来，为了提高营养功能和水溶性，又合成了多种氨基酸铬、脂肪酸铬及水溶含铬酵母萃取物[3]。

人和其他哺乳动物血液中的铬以 GTF 形式存在，GTF 是以三价铬为中心离子，5 个有机酸（谷氨酸、甘氨酸、半胱氨酸和两个烟酸）为配位体形成的螯合物。大量研究与临床实验证实，铬是人体不可或缺的微量营养元素。美国国家科学院食品与营养委员会推荐的成人每天膳食安全适宜的铬摄入量（ESADDI）为 50～200 μg，中国也有同样推荐值。GTF 的生物活性表现在激活胰岛素，同胰岛素一起将葡萄糖、脂肪、氨基酸输送到细胞，同细胞壁上的胰岛素受体结合，使葡萄糖、脂肪、氨基酸得以代谢，同时释放出能量使人体得以活动及延续生命。随着生活水平的普遍提高，人们食用精制膳食（铬较多地存在于谷物麸皮、蔬菜和动物内脏中），导致人体缺铬，特别是糖尿病人和冠心病患者，他们血液中铬浓度低于正常人。

人体缺铬将患成人型糖尿病（非胰岛素依赖型又称 II 型病，90% 糖尿病患者为 II 型），这些患者体内虽能分泌胰岛素，但由于没有铬的参与，胰岛素不能激活，无法同细胞上的胰岛素受体结合而发挥作用，不能分解或转化为脂肪存储，使血糖升高，出现尿糖，血清胆固醇也会随之升高。

由三价铬构成的 GTF 和类似三价铬化合物能够促进葡萄糖、脂肪、蛋白质的代谢，不仅能降低血糖医治糖尿病，而且具有降低血脂、软化血管、减少血清总胆固醇、降低对人体无益的低密度脂蛋白（LDL）和甘油三酯、增加对人体有益的高密度脂蛋白（HDL）等作用，从而有利于防治心血管疾病，治疗高血压和动脉硬化症。三价铬因对脂肪和蛋白质代谢的促进作用已用于增加体内肌肉和治疗肥胖症。由于周围神经系疾病与不耐葡萄糖症状相关，补充铬不仅使葡萄糖耐量正常化，也使周围神经系疾病明显好转，最终使神经传导正常化。

铬除了在糖类代谢和酯类代谢中有重要作用外，铬在核酸代谢中也有重要作用。铬最初发现于细胞核，它紧紧地与 DNA、RNA 和核蛋白结合在一起。在体外，当铬与 DNA 或染色质共同孵化时，铬可以加快 RNA 的合成过程，而所试验的其他金属则不能。因此，铬可能参与基因表达的调节过程。

铬与其他微量元素所不同的是，它的作用和有效性极度依赖于它所结合的化学结构。生物活性铬类似于激素，由于能对生理刺激（胰岛素）起反应而被释放到血液中。

国外三价铬化合物大规模应用于医药、保健食品和饮料添加剂，开始于 20 世纪 90 年代，随后传入我国。美国 20 世纪末，吡啶甲酸铬制品的年产值达 1 亿美元（同年美国红矾钠和铬酸酐等基本铬盐的产值不到 2 亿美元）。国内这方面大规模开发是进入 21 世纪之后。含铬中成药、含铬保健食品、铬系饲料添加剂及农用铬肥，在国内每年申报的专利以十位数计。为规范这类产品，我国卫生部和国家标准化管理委员会共同颁布了国家标准《保健食品中吡啶甲酸铬含量的测定》（GB/T 5009.195—2003），农业部也发布了行业标准《饲料添加剂－吡啶甲酸铬》（NY/T 91—2004）。在人体内，铬不积累，能较快地经肾脏随尿排出。

　　我国推荐的铬摄入量如表Ⅳ-3 所示，其中推荐范围是对总铬而不是对特殊的有机形式的铬。

表Ⅳ-3　我国推荐的铬摄入量　　　　单位：mg/d

年龄	组织铬浓度	年龄	组织铬浓度
婴儿		青少年	
初生至 6 个月	0.01～0.04	11 岁以上	0.05～0.20
6—12 个月	0.02～0.06	成年	
儿童		男	0.05～0.20
1 岁以上	0.02～0.08	女	0.05～0.20
4 岁以上	0.03～0.12		
7 岁以上	0.05～0.20		

3. 人体内铬的代谢

　　微量元素进入人体的途径主要是消化道，呼吸道、皮肤和其他部位的黏膜吸收则很少，在接受胃肠外营养时，必需微量元素可由静脉注入体内。同一元素的状态不同，可表现出不同甚至相差悬殊的生物利用率。铬以有机和无机化合物两种形式存在于食物中，不同形式的铬其吸收、转运和分布形式也不同。动物和人类对无机铬化合物的吸收率小于 5%；对有机铬复合物和葡萄糖耐量因子（GTF）的吸收率较高，据推测可达到 15%～25%；人工合成的铬复合物的吸收率介于二者中间。

　　无机铬只有在胃的酸性环境中是稳定的，能够被吸收。一旦到了肠道里，在碱性环境下，铬将转变为难溶的氢氧化物多聚体，难以吸收和转运。铬的有机复合物进入消化道后，在小肠内通过肠膜的通透性、元素的自动运转机制和机体的体液调节机制，其与食物因素相互作用被机体吸收。不同形式的铬吸收后，它们的组织分布也不同。

在生物体内，正常胃液能够将六价铬还原为三价铬，减少六价铬对人体的毒害作用。在生物体内，三价铬一般不会被氧化为六价铬。因此，胃酸缺乏和恶性贫血者，会减少三价铬和生物活性铬的吸收，促进六价铬的吸收，对人体产生毒害作用。饮用水中的铬的吸收量只占到肠胃吸收量的 5%左右。

铬经过肠胃吸收后，进入人体主要与铁蛋白和清蛋白结合，通过血液循环运输到各组织器官中。人体内的铬主要分布于肝、肾、脾、骨，其他组织器官也有分布。铬在肝脏中，经过生物转化，合成生物活性铬，调节机体代谢。

铬的排除途径主要是尿液，如果摄入过多，粪便也成为重要排除途径。人体内铬的生物半衰期（机体排出所吸收元素半量所需时间）约为 616 d[3, 93]。

二、铬的毒性

铬中毒主要可分为 3 类，①环境污染引起的过量摄入铬；②生物地球化学变化引发的局部铬超标；③职业性疾病。其毒害作用可分为急性中毒、亚急性中毒和慢性中毒。金属铬的生物功能和毒性效应不仅与其含量有关，更与其化学形态如氧化态、配体及分子结构等密切相关。

铬在动物体内可影响氧化、还原和水解过程，并可使蛋白质变性，沉淀核酸和核蛋白，干扰酶系统的作用。铬进入血液后形成氧化铬，致使血红蛋白变成高铁血红蛋白，红细胞携带氧的功能发生障碍，导致细胞内窒息。铬对动物体具有"三致"（致病、致癌和致死）作用。过多摄入铬可能对人体造成损伤。儿童过量摄入铬后，肾小管过滤率明显降低，而且这种降低不可逆。研究表明：三价铬可通过胎盘屏障，抑制胎儿生长并产生致畸作用。以 $CrCl_3$ 腔腹注射给受孕 7～9 d 的老鼠,于妊娠第 18 d 剖腹检查,可见胎仔体重下降、畸胎增多、并呈剂量－反应关系,表明铬化合物有致畸作用。六价铬可被碳酸盐、硫酸盐和磷酸盐载体系统转入动物细胞。进入细胞的六价铬在谷胱甘肽等酶作用下迅速还原为具有活性的中间物质,如 Cr^{5+} 和 Cr^{4+},这些中间物质具有较强的 DNA 破坏能力和细胞毒性。六价铬也能还原为三价铬,与细胞内大分子结合,引起遗传密码的改变,进而引起细胞的突变和癌变。因而,六价铬有较强的毒性。

六价铬是剧毒物质。包括重铬酸钠、重铬酸钾、铬酸酐在内的六价铬化合物具有强氧化性,又易溶于水,是化学工业特别是医药、染料、香料及基本有机合成工业常用的氧化剂。六价铬的毒性主要来自其强氧化性对有机体的腐蚀与破坏,可以通过吸入、接触及口服造成人体中毒。铬的毒性主要包括吸入毒性、接触毒性和口服毒性。六价铬离子在人体内主要积聚在内分泌腺、心、胰和肺中,由于侵入人体的途径不同,所以,铬中毒的临床表现也不一样。

目前,尚未见到三价铬对人体有毒的报道。动物实验未见吸入三价铬引起死亡的 LD_{50} 值,也无皮肤摄入三价铬引起死亡的 LD_{50} 值报道,用含氧化铬(Cr_2O_3)的日食喂大鼠,剂量 2 040 $mgCr^{3+}$/(kg·d),每周喂 5 d,连续喂 2 年,其死亡率与不喂氧化铬相比未见增加,证明氧化铬无毒。虽然,试验证明三价铬对人体无害,但是三价铬一般难溶于水,少数三价铬盐如氯化铬、硫酸铬、醋酸铬,只有在游离酸共存时才能制得纯晶体,当这些晶体溶于水特别是高度稀释时,便发生水解析出游离酸,游离酸使它们对人体产生不良作用[97-99]。

1. 吸入毒性

呼吸系统由于缺少皮肤保护,容易被吸入的六价铬感染,出现炎症,黏膜溃疡,鼻中隔糜烂甚至穿孔。由于六价铬电镀温度高(45℃)、浓度大(150～300 g/L),含六价铬的酸性水溶液被电镀析出的氢气和氧气带到空气中形成铬酸雾,早期铬盐厂焙烧形成的含六价铬粉尘，熟料热浸、中和、酸化形成的铬酸钠雾，均引发操作工呼吸道疾病。国际铬发展协会（ICDA）文件也引述资料称，鼻腔暴露在铬酸雾浓度在 $1 \mu g/m^3$ 以上浓度时便受到刺激，在铬酸雾峰值浓度大于 $20 \mu g/m^3$ 空气中工人的鼻穿孔频率高，累计暴露 $0.4 \sim 1 mg/(m^3 \cdot 月)$ 后鼻隔膜有疤痕形成，累计暴露 $1 \sim 3 mg/(m^3 \cdot 月)$ 开始出现鼻隔膜穿孔。

至今国内外尚未见人类急性吸入铬或铬化合物引起死亡的报道，但有动物实验数据。铬酸钠及钠、钾、铵的重铬酸盐对大鼠急性吸入 LC_{50} 值范围为：雌鼠 $29 \sim 45 mgCr^{6+}/m^3$，雄鼠 $33 \sim 82 mgCr^{6+}/m^3$。铬酸酐的急性吸入 LC_{50} 值对雌、雄鼠分别为 $87 mgCr^{6+}/m^3$ 和 $137 mgCr^{6+}/m^3$。中毒症状包括呼吸危难、激怒、体重下降。

2. 口服毒性

口服六价铬将引起消化系统灼伤，在胃酸作用下六价铬同胃中食物发生氧化还原反应，如果量小，六价铬在进入肠道以前便被还原，否则将使整个消化系统糜烂，引起死亡。国外曾报道误服或故意摄入六价铬后，出现严重脱水，嘴和咽烧灼，呕吐物中有血，腹泻，呼吸困难，休克，最终死亡。尸体解剖显示浮肿、肺水肿、严重支气管炎、急性支气管肺炎、心肌早期缺氧、肺充血，胃和十二指肠烧蚀、胃肠出血，肝和肾损伤。

动物口服六价铬导致死亡的剂量用 LC_{50}（半致死剂量，单位体重引起试验动物群中 50%死亡的口腔摄入剂量）表示。大鼠口服铬酸钠及钠、钾、铵重铬酸盐的急性 LC_{50} 值分别为：雌鼠 $13 \sim 19 mgCr^{6+}/(kg \cdot d)$；雄鼠 $21 \sim 18 mgCr^{6+}/(kg \cdot d)$。大鼠口服铬酸钙的 LC_{50} 值分别为：雌鼠 $108 mgCr^{6+}/(kg \cdot d)$；雄鼠 $249 mgCr^{6+}/(kg \cdot d)$。雄性大鼠口腔摄入铬酸锶 LC_{50} 值为：$811 mgCr^{6+}/(kg \cdot d)$。铬酸酐的 LC_{50} 值分别为：雌鼠 $25 mgCr^{6+}/(kg \cdot d)$；雄鼠 $29 mgCr^{6+}/(kg \cdot d)$。雌性瑞士白鼠饮用含重铬酸钾的水，剂量 $169 mgCr^{6+}/(kg \cdot d)$ 的死

亡率为 20%。

3. 接触毒性

六价铬化合物会不同程度地引起皮肤过敏，形成接触皮炎。1982年对世界铬盐常规皮肤过敏试验 17 021 件案例进行评价，发现对重铬酸钾呈阳性的发生率为 7.9%。1960 年以后，欧洲多国发现由于许多水泥含有相当浓度的水溶六价铬，导致密切接触水泥的工人患上湿疹，国际铬发展协会（ICDA）资料称，接触含六价铬水泥的工人中 5%～15% 出现过敏性接触皮炎。早期铬盐生产为手工操作，劳动保护较弱，不时出现工人感染接触皮炎——"铬疮"，这是一种难以治愈的皮肤病。

皮肤对包括六价铬在内的许多有害物质有不同的防护作用，但浓度较高时，六价铬将严重灼伤皮肤，皮肤一旦灼伤便加速身体组织对铬的吸收，并导致组织中毒，严重时可能引起死亡。曾有一名面部患有不宜手术癌变的成年男子，用晶体铬酸酐治疗后出现严重肾炎，4 周后死亡；另有 12 人使用铬酸钾配制的药膏治疗疥疮，因感染皮肤坏死而死亡，死者生前观察到肾衰竭。尸体解剖揭示心脏脂肪变性，肾小管充血和坏死，胃黏膜充血。

动物实验得到的半致死剂量 LC_{50} 值，铬酸钠及钠、钾、铵的重铬酸盐对新西兰雌兔为 361～553 $mgCr^{6+}/kg$，雄鼠 336～763 $mgCr^{6+}/kg$；铬酸酐为 30 $mgCr^{6+}/kg$（不计雌雄）。中毒症状包括皮肤坏疽，生成焦痂，皮肤浮肿、红斑，腹泻及活动减少。

4. 致癌性

流行病学研究显示，生产铬酸锌、铬酸锶的铬黄颜料厂工人和用老式有钙焙烧法（存在副反应产物铬酸钙）生产铬盐的工厂工人，肺癌发病率高于平均值。

国际癌症研究所（IARC）根据对人的致癌危险，将已有资料报告的 878 种化学品分成 4 类，其中第 2 类又分为 2A、2B 两部分。

其中 1 类对人有致癌性；2A 对人体可能有致癌性，2B 对试验动物致癌性证据充分但对人类致癌性证据不足；3 类可疑对人致癌；4 类对人很可能不致癌。国际癌症研究所将六价铬归为 1 类，即对人类有致癌性；三价铬和零价铬归为 3 类，即可疑对人致癌。将铬酸盐生产遇到的六价铬化合物对人的致癌性证实程度归为"充分"。根据德国、美国的研究结论，铬盐厂工人肺癌主要源于有钙焙烧法形成的铬酸钙，但改为"无钙焙烧工艺可消除致癌物铬酸钙，再采取密闭、负压操作、隔绝尘雾等措施，肺癌发病率即可接近平均值。

5. 致畸性

至今尚未见任何价态铬对人类有致畸作用的报道。

6. 中毒症状

急性中毒常因误服可溶性铬酸盐所致，口服重铬酸钾后会出现恶心、呕吐、腹痛、腹泻、胃肠道渗血。严重者会出现烦躁不安、脉搏加快、呼吸急促、紫绀、血压下降甚至休克。吸入铬酸会引起呼吸道损伤，表现为咳嗽、胸闷等症状，皮肤接触会引起类似鸟眼状皮肤溃疡。铬中毒会引起肾小管损伤，导致肾功能不全，出现蛋白尿。

慢性中毒，长期接触铬盐的粉尘或铬酸雾主要会引起皮肤和黏膜损害，典型的皮肤溃疡称"铬疮"。铬酐、铬酸、铬酸盐及重铬酸盐等六价铬化合物引起的鼻部损害称为"铬鼻病"。铬鼻病患者可有流涕、鼻塞、鼻衄、鼻干燥、鼻灼痛、嗅觉减退等症状，及鼻黏膜充血、肿胀、干燥或萎缩等体征。鼻部体征为鼻中隔黏膜糜烂，少数情况下为鼻甲黏膜糜烂，严重时鼻中隔黏膜溃疡甚至鼻中隔软骨部穿孔。

虽然六价铬有毒，但不属于神经中毒物，其毒性小于汞、砷、钡、铅、镉等元素，更不及氰化物、砒霜和多种农药。此外，虽然六价铬有上述种种有害人体的作用，但也可以利用其强氧化性，来治愈宫颈糜烂等疾病。

附录Ⅴ　铬的检测方法

一、饮用水及天然水体中六价铬的检测方法

备注：本方法引自《生活饮用水标准检验方法——金属指标》（GB/T 5750.6－2006）。

1.1　范围

本方法适用于生活饮用水及其水源水中六价铬的测定。

本方法最低检测质量为 0.2　μg（以 Cr^{6+} 计）。若取 50 mL 水样测定，则最低检测质量浓度为 0.004 mg/L。

铁约 50 倍于六价铬时产生黄色，干扰测定；10 倍于铬的钒可产生干扰，但显色 10 min 后钒与试剂所显色完全消失；200 mg/L 以上的钼与汞有干扰。

1.2　原理

在酸性溶液中，六价铬可与二苯碳酰二肼作用，生成紫红色络合物，比色定量。

1.3　试剂

1.3.1　二苯碳酰二肼溶液（2.5 g/L）：称取 0.25 g 二苯碳酰二肼 [$OH(HNNHC_6H_5)_2$，又名二苯胺基脲]，溶于 100 mL 丙酮中。盛于棕色瓶中置冰箱内可保存半个月，颜色变深时不能再用。

1.3.2　硫酸溶液（1+7）：将 10 mL 浓硫酸缓慢加入 70 mL 纯水中。

1.3.3　六价铬标准溶液[$\rho(Cr)$=1 μg/mL]：称取 0.141 4 g 预先在 105～110℃烘干至恒重的重铬酸钾[$K_2Cr_2O_7$（优级纯）]，溶于纯水中，并于容量瓶中用纯水定容至 500 mL，摇匀。此浓溶液 1.00 mL 含 100 μg 六价铬。吸取此浓溶液 10.0 mL 于容量瓶中，用纯水定容

至 1 000 mL。

1.4　仪器

所有玻璃仪器（包括采样瓶）要求内壁光滑，不能用铬酸洗涤液浸泡，可用合成洗涤剂洗涤后再用浓硝酸洗涤，然后用自来水、纯水淋洗干净。

1.4.1　具塞比色管，50 mL。

1.4.2　分光光度计。

1.5　分析步骤

1.5.1　吸取 50 mL 水样（含六价铬超过 10 μg 时，可吸取适量水样稀释至 50 mL），置于 50 mL 比色管中。

1.5.2　另取 50 mL 比色管 9 支，分别加入六价铬标准溶液（1.3.3）0.00 mL，0.20 mL，0.05 L，1.00 mL，2.00 mL，4.00 mL，6.00 mL，8.00 mL 和 10.00 mL，加纯水至刻度。

1.5.3　向水样及比色管中分别加 2.5 mL 硫酸溶液及 2.5 mL 二苯碳酰二肼溶液（1.3.2），立即混匀，放置 10 min。

注：铬与二苯碳酰二肼溶液反应时，酸度对显色反应有影响，溶液的氢离子浓度应控制在 0.05～0.3 mol/L，且以 0.2 mol/L 时显色最稳定。温度和放置时间对显色都有影响，15℃时颜色最稳定，显色后 2～3min 颜色可达最深，且于 5～15min 保持稳定。

1.5.4　于 540 nm 波长，用 3 cm 比色皿，以纯水为参比，测量吸光度。

1.5.5　如水样有颜色时，另取相同量的水样于 100 mL 烧杯中，加入 2.5 mL 硫酸溶液，于电炉上煮沸 2 min，使水样中的六价铬还原为三价铬，溶液冷却后转入 50 mL 比色管中，加纯水至刻度后再多加 2.5 mL，摇匀后加入 2.5 mL 二苯碳酰二肼溶液，摇匀，放置 10 min，按照上述步骤测量水样空白吸光度。

1.5.6　绘制标准曲线，在曲线上查出样品管中六价铬的质量。

1.5.7　有颜色的水样应在1.5.4测得样品溶液的吸光度中减去水样空白吸光度后，再在标准曲线上查出样品管中六价铬的质量。

1.6　计算

水样中六价铬的质量浓度计算见下式：

$$\rho(\mathrm{Cr}^{6+})=\frac{m}{V}$$

式中：$\rho(\mathrm{Cr}^{6+})$——水样中六价铬的质量浓度，mg/L；

　　　m——从标准曲线上查得的样品管中六价铬质量，μg；

　　　V——水样体积，mL。

1.7　精密度和准确度

有70个实验室测定含六价铬304 μg/L和65 μg/L的合成水样，相对标准偏差为6.7%及9.2%；相对误差为5.3%和3.1%。

备注：测定总铬时，可用高锰酸钾溶液处理原水，将三价铬氧化成六价铬后，采用本方法检测。

二、土壤中总铬的测定

本方法引自《土壤　总铬的测定　火焰原子吸收分光光度法》（HJ 491—2009）。

2.1　适用范围

本标准规定了测定土壤中总铬的火焰原子吸收分光光度法。

本标准适用于土壤中总铬的测定。

称取 0.5 g 试样消解定容至 50 mL 时，本方法的检出限为5 mg/kg，测定下限为20.0 mg/kg。

2.2　方法原理

采用盐酸－硝酸－氢氟酸－高氯酸全分解的方法，破坏土壤的矿物晶格，使试样中的待测元素全部进入试液，并且，在消解过程中，所有铬都被氧化成$\mathrm{Cr_2O_7^{2-}}$。然后，将消解液喷入富燃性空气—

乙炔火焰中。在火焰的高温下，形成铬基态原子，并对铬空心阴极灯发射的特征谱线 357.9 nm 产生选择性吸收。在选择的最佳测定条件下，测定铬的吸光度。

2.3 试剂和材料

本标准所用试剂除非另有说明，分析时均适用符合国家标准的分析纯化学试剂，实验用水为新制备的去离子水或蒸馏水。实验所用的玻璃器皿需先用洗涤剂洗净，再用 1+1 硝酸溶液浸泡 24 h（不得使用重铬酸钾洗液），使用前再依次用自来水、去离子水洗净。

2.3.1 盐酸（HCl）：ρ=1.19 g/mL，优级纯。

2.3.2 盐酸溶液，1+1：用（2.3.1）配制。

2.3.3 硝酸（HNO$_3$）：ρ=1.42 g/mL，优级纯。

2.3.4 氢氟酸（HF）：ρ=1.49 g/mL。

2.3.5 10%氯化铵水溶液：准确称取 10 g 氯化铵（NH$_4$Cl），用少量水溶解后全量转移入 100 mL 容量瓶中，用水定容至标线，摇匀。

2.3.6 铬标准储备液，ρ=1.000 mg/mL：准确称取 0.282 9 g 基准重铬酸钾（K$_2$Cr$_2$O$_7$），用少量水溶解后全量转移入 100 mL 容量瓶中，用水定容至标线，摇匀，冰箱中 2~8℃保存，可稳定 6 个月。

2.3.7 铬标准使用液，ρ=50 mg/L：移取铬标准储备液 5.00 mL 于 100 mL 容量瓶中，加水定容至标线，摇匀，临用时现配。

2.3.8 高氯酸（HClO$_4$）：ρ=1.68 g/mL，优级纯。

2.4 仪器和设备

2.4.1 仪器设备：原子吸收分光光度计；带铬空心阴极灯；微波消解仪；玛瑙研磨机等。

2.4.2 仪器参数：不同型号仪器的最佳测定条件不同，可根据仪器使用说明书自行选择。通常本标准采用表 1 中的测量条件，微波消解仪采用表 2 中的升温程序。

表 1　仪器测量条件

元素	Cr
测定波长/nm	357.9
通带宽度/nm	0.7
火焰性质	还原性
次灵敏线/nm	359.0；360.5；425.4
燃烧器高度/mm	8（使空心阴极灯光斑通过火焰亮蓝色部分）

表 2　微波消解条件

升温时间/min	消解温度/℃	保持时间/min
5	120	1
3	150	5
4	180	10
6	210	30

2.5　干扰及消除

2.5.1　铬易形成耐高温的氧化物，其原子化效率受火焰状态和燃烧器高度的影响较大，需使用富燃烧性（还原性）火焰。

2.5.2　加入氯化铵可以抑制铁、钴、镍、钒、铝、镁、铅等共存离子的干扰。

2.6　样品

2.6.1　采样与保存

将采集的土壤样品（一般不少于 500 g）混匀后用四分法缩分至约 100 g。缩分后的土样经风干（自然风干或冷冻干燥）后，除去土样中石子和动植物残体等异物，用木棒（或玛瑙棒）研压，通过 2 mm 尼龙筛（除去 2 mm 以上的沙砾），混匀。用玛瑙研钵将通过 2 mm 尼龙筛的土样研磨至全部通过 100 目（孔径 0.149 mm）尼龙筛，混匀后备用。

2.6.2　样品的制备

2.6.2.1　全消解方法

准确称取 0.2～0.5 g（精确至 0.000 2 g）试样于 50 mL 聚四氟乙烯坩埚中，用水润湿后加入 10 mL 盐酸，于通风橱内的电热板上低温加热，使样品初步分解，待蒸发至约剩 3 mL 时，取下稍冷，然后加入 5 mL 硝酸、5 mL 氢氟酸、3 mL 高氯酸，加盖后于电热板上中温加热 1 h 左右，然后开盖，电热板温度控制在 150℃，继续加热除硅，为了达到良好的飞硅效果，应经常摇动坩埚。当加热至冒浓厚高氯酸白烟时，加盖，使黑色有机碳化物分解。待坩埚壁上的黑色有机物消失后，开盖，驱赶白烟并蒸至内容物呈黏稠状。视消解情况，可再补加 3 mL 硝酸、3 mL 氢氟酸、1 mL 高氯酸，重复以上消解过程。取下坩埚稍冷，加入 3 mL 盐酸（1+1）溶液，温热溶解可溶性残渣，全量转移至 50 mL 容量瓶中，加入 5 mL 氯化铵水溶液，冷却后用水定容至标线，摇匀。

2.6.2.2　微波消解法

准确称取 0.2 g（精确至 0.000 2 g）试样于微波消解罐中，用少量水润湿后加入 6 mL 硝酸、2 mL 氢氟酸，按照一定升温程序进行消解，冷却后将溶液转移至 50 mL 聚四氟乙烯坩埚中，加入 2 mL 高氯酸（2.3.8），电热板温度控制在 150℃，驱赶白烟并蒸至内容物呈黏稠状。取下坩埚稍冷，加入盐酸溶液（2.3.2）3 mL，温热溶解可溶性残渣，全量转移至 50 mL 容量瓶中，加入 5 mL NH_4Cl（2.3.5）溶液，冷却后定容至标线，摇匀。

由于土壤种类较多，所含有机质差异较大，在消解时，应注意观察，各种酸的用量可视消解情况酌情增减；电热板温度不宜太高，否则会使聚四氟乙烯坩埚变形；样品消解时，在蒸至近干过程中需特别小心，防止蒸干，否则待测元素会有损失。

2.7　分析步骤

2.7.1　校准曲线

准确移取铬标准使用液（2.3.7）0.00 mL、0.50 mL、1.00 mL、2.00 mL、3.00 mL、4.00 mL 于 50 mL 容量瓶中，然后，分别加入 5 mL NH_4Cl 溶液，3 mL 盐酸溶液（1+1），用水定容至标线，摇匀，其铬的质量浓度分别为 0.50 mg/L、1.00 mg/L、2.00 mg/L、3.00 mg/L、4.00 mg/L。此质量浓度范围应包括试液中铬的质量浓度。按 2.4.2 中仪器测量条件由低到高质量浓度顺序测定标准溶液的吸光度。

用减去空白的吸光度与相对应的铬的质量浓度（mg/L）绘制校准曲线。

2.7.2　空白试验

用去离子水代替试样，采用和试液制备相同的步骤和试剂，制备全程序空白溶液，并按与 2.7.1 相同条件进行测定。每批样品至少制备两个以上的空白溶液。

取适量试液，并按与 2.7.1 相同条件测定试液的吸光度。由吸光度值在校准曲线上查得铬质量浓度。每测定约 10 个样品要进行一次仪器零点校正，并吸入 1.00 mg/L 的标准溶液检查灵敏度是否发生了变化。

2.8　结果计算

土壤样品中铬的含量 W（mg/kg）按下式计算：

$$W = \frac{\rho \times V}{m \times (1-f)}$$

式中：ρ —— 试液的吸光度减去空白溶液的吸光度，然后在校准曲线上查得铬的质量浓度，mg/L；

V —— 试液定容的体积，mL；

m —— 称取试样的重量，g；

f —— 试样中水分的含量，%。

2.9 精密度和准确度

本方法在全消解（盐酸+硝酸+氢氟酸+高氯酸）情况下，标准土样回收率为88%～94%，微波加电热板消解（硝酸+氢氟酸+高氯酸）情况下，标准土样的回收率为90%～100%。

附录VI　我国部分还原剂生产厂家

附表VI-1　我国部分还原剂生产厂家

生产厂家	品名	指标	电话	地址	邮编	公司网页
连云港科信化工有限公司	硫酸亚铁	食品级	0518-85110538	江苏省连云港市朝阳西路 46 号	222000	http：//www.lygkexin.com
上海宁银商务发展有限公司	硫酸亚铁	水处理专用	021-66275043	上海市普陀区绿杨路 302 号锦翔大楼 1 号楼 1409/706	200331	http：//www.shmingyin.cn
上海瑞硕化工有限公司	氯化亚铁	≥99%	021-34293596	上海市闵行区罗秀路 1459 弄 8 号		http：//www.ampcn.com
沈阳金天源化工有限公司	氯化亚铁	食品级	024-22595298	沈阳市皇姑区黄河大路 89 号 1-13		http：//www.syjyhg.com.cn
杭州利湖化工原料有限公司	焦亚硫酸钠	工业级、食品级	0571-85503403	浙江省杭州市西湖区古翠路	310013	http：//lihuhg.cn.globalimporter.net
河南郑州蓝宇化工有限公司	焦亚硫酸钠	食品级	0371-53777079	郑州市中州大道	450000	http：//www.hnlanyu.com
上海宁银商务发展有限公司	焦亚硫酸钠	食品级	021-66275043	上海市普陀区绿杨路 302 号锦翔大楼 1 号楼 1409/706	200331	http：//www.shmingyin.cn

生产厂家	品名	指标	电话	地址	邮编	公司网页
上海琦达化工有限公司	焦亚硫酸钠	食品级	021-50652930	上海市浦东新区浦三路 2801 弄 104 号 602 室	200123	http://kongaihua2009.cn.alibaba.com
厦门仁驰化工有限公司	焦亚硫酸钠	食品级	0592-2287526	厦门思明区莲坂南业广场西区	361000	
郑州浩力化工有限公司	焦亚硫酸钠	食品级	0371-60305601	河南省郑州市航海东路	450009	http://www.haolisp.com/
广州市华础化工原料有限公司	亚硫酸钠	食用级	020-87363585	广州市芳右新马路 111-115 号五羊新城广场 2221 房	510600	http://www.huachuchem.com
上海瑞泉化工科技有限公司	亚硫酸钠	食品级	021-51860137	上海中山北路 2185 弄 27 号 4 楼		http://www.shrqhg.com/
上海旭庆工贸有限公司	亚硫酸钠	食品级	021-61294327	上海市顾家路 161 号	200444	http://www.shanghaixq.com.cn

附录 VII　我国主要混凝剂生产厂家

附表 VII-1　我国主要混凝剂生产厂家

生产厂家	品名	指标	电话	地址	邮编	公司网页
巩义市中岳净水材料有限公司	聚合氯化铝	饮用水级、非饮用水级	0371-68396185	河南省巩义市新兴路西段	451200	www.zhongyuejs.com
	聚合硫酸铁	优等、一等、合格				
巩义市宇清净水材料有限公司	聚合氯化铝	优级、一级、二级	0371-64156198	河南省巩义市南河渡工业区	451251	www.yqjs.com
	聚合硫酸铁		13838223829			
	聚合氯化铝铁					
巩义市嵩山滤材有限公司	聚合氯化铝	饮用水级、非饮用水级	0371-66557845	河南省巩义市杜甫路	451250	www.gysslc.com.cn
巩义市东方净水材料有限公司	聚合氯化铝	饮用水级、非饮用水级	0371-63230299	河南省巩义市安乐街	451200	
			64366368			
河南玉龙供水材料有限公司	聚合氯化铝	饮用水级、非饮用水级	0371-64132888	河南省巩义市羽林工业区	451200	www.gydfjs.com
	聚合氯化铝铁		64132088			www.hnzhenyu.com
巩义市滤料工业有限公司	聚合氯化铝	Ⅰ类、Ⅱ类	0371-64133426	河南省巩义市工业示范区	451252	www.lvliao.com
	复合型聚合氯化铝铁	优等品、一等品				

生产厂家	品名	指标	电话	地址	邮编	公司网页
巩义市银丰实业公司滤料厂	聚合硫酸铝	优等品、一等品	0371-64397038	河南省巩义市安乐街9号		www.yfll.cn
巩义市韵沟净水滤料厂	聚合硫酸铝	优等品、一等品	0371-68396661	河南省巩义市杜甫像南20米		
巩义市富源净水材料有限公司	聚合氯化铝 聚合硫酸铝 聚合氯化铝铁	优等品、一级、二级	0371-64123456	河南省巩义市经济技术开发区		www.gyygjs.com www.64123456.com
巩义市华明化工材料有限公司	聚合硫酸铝 聚合氯化铝铁 聚合硫酸铝	优等品、一等品 优等品、一等品	0371-64121222	河南省巩义市北山口镇豫31省道九公里处		www.hnhuaming.com
大连开发区力佳化学制品有限公司	聚合氯化铝	饮用水级、非饮用水级	0411-87611805/ 87626490/ 87625751	大连经济技术开发区黄海西路6号	116600	
淄博正河净水剂有限公司	聚合氯化铝	饮用水级、非饮用水级	0533-7607866 7607896	淄博市临淄区开发区（宏鲁工业园内）	255400	www.lijiachem.cn
济宁市圣源污水处理材料有限公司	聚合氯化铝	饮用水级、非饮用水级	0537-2514408 13805377748	山东省济宁市唐口经济开发区	272601	www.jingshuiji.com.cn
淄博正河净水剂有限公司	聚合硫酸铝		0533-7607866 7607896	淄博市临淄区开发区（宏鲁工业园内）	255400	www.sheng-yuan.com

161

生产厂家	品名	指标	电话	地址	邮编	公司网页
合肥益民化工有限责任公司	聚合氯化铝铁		0551-7673178	安徽省合肥市龙岗开发区 B 区	231633	www.jingshuiji.com.cn
蓝波化学品有限公司	聚合氯化铝	饮用水级、非饮用水级	0510-87821568	江苏省宜兴市化学工业园永安路（屺亭镇）	214213	www.ymhg.com
宜兴凯利尔净化剂制造有限公司	聚合氯化铝 聚合氯化铝铁 聚硫氯化铝铁	精制级、卫生级 卫生级、工业级 卫生级、工业级	0510-87846055	江苏省宜兴市化学港北路	214212	www.bluwat.com.cn www.kailier.com
宜兴市天使合成化学有限公司	聚合氯化铝 聚合氯化铝铁	I 类、II 类	0510-87674303 87678600	江苏省宜兴市芳庄镇	21424	www.yxts.cn
宜兴市必清水处理剂有限公司	聚合氯化铝	饮用水级	0510-87111243 87910047	江苏省宜兴市宜城小张墅煤矿	214201	
南京经通水处理研究所宜兴市净水剂厂	聚合氯化铝	饮用水级、非饮用水级	0510-87875288 87734620	江苏省宜兴市和桥镇南新人民南路 10 号	214215	www.bqscl.com
无锡市必盛水处理剂有限公司	聚合氯化铝	饮用水级、非饮用水级	0510-87694087	江苏省宜兴市徐舍镇吴圩	214200	www.watersaver.com.cn
常州市武进友邦净水材料有限公司	聚合氯化铝 氯化铝铁	优等、一等 优等、一等	0519-6393009, 8319338	江苏省常州市武进区牛塘镇人民西路 105 号	213163	www.wxbisheng.com www.youbang18.com

生产厂家	品名	指标	电话	地址	邮编	公司网页
上海浦浔化工有限公司	聚合氯化铝	饮用水级、工业级	021-6891509 7 68915075	上海张江高科技产业区龙东支路8号	201201	www.shpuxun.com
	聚合氯化铝铁	饮用水级、工业级				
平湖市龙兴化工有限公司	聚合氯化铝	优等、一等	0573-5966871	浙江省平湖市曹桥工业园	314214	www.phlongxing.com
	聚合氯化铝铁	优等、一等				
	聚合硅酸氯化铝					
	聚合硅酸硫酸铝					
重庆渝西化工厂	聚合氯化铝	饮用水级、非饮用水级	023-65808378 65808096	重庆市九龙坡区西彭镇	401326	

附录Ⅷ 化学还原—沉淀法除铬的试验方案

一、处理原理

通过投加还原剂将六价铬还原为三价铬。由于三价铬的氢氧化物溶解度很低，$K_{sp}=5\times10^{-31}$，可形成 $Cr(OH)_3$ 沉淀物从水中分离出来。

硫酸亚铁可以用作为除铬药剂。硫酸亚铁在除铬处理中先起还原作用，把六价铬还原成三价铬。多余的硫酸亚铁被溶解氧或加入的氧化剂氧化成三价铁。因此，硫酸亚铁投入含六价铬的水中，与 Cr^{6+} 产生氧化还原作用，生成的 Cr^{3+} 和 Fe^{3+} 都能生成难溶的氢氧化物沉淀，再通过沉淀过滤从水中分离出来。其化学反应式为：

$$CrO_4^{2-} + 3Fe^{2+} + 8H^+ \longrightarrow Cr^{3+} + 3Fe^{3+} + 4H_2O$$

$$Cr^{3+} + 3OH^- \longrightarrow Cr(OH)_3 \downarrow$$

$$Fe^{3+} + 3OH^- \longrightarrow Fe(OH)_3 \downarrow$$

二、试验过程和方法

（一）硫酸亚铁还原六价铬及生成沉淀所需的 pH

确定硫酸亚铁还原六价铬的最适 pH 范围。

1. 试验水样：自来水配水，共 6 个，每个水样 1L。

2. pH 条件：调节 pH 为 5.0、6.0、6.5、7.5、8.0、8.5。

3. 硫酸亚铁投加量：10 mg/L（以 Fe 计，相当于 SO_4^{2-} 浓度为 17 mg/L）。

4. 反应 10 min 后，测定溶液 pH；调节 pH 至 8.0，开始混凝试验，需测定反应结束后 pH。

5. 试验过程：使用硫酸分别调节原水 pH 至 5.0、6.0、6.5、7.5、

8.0、8.5，将 10 mg/L 的硫酸亚铁投入 1 L 污染水样中，缓慢搅拌 10 min，使用氢氧化钠调节 pH 至 8.0。在六联搅拌仪上用混凝工艺要求的转速搅拌：快转 300 r/min×1 min，慢转 60 r/min×5 min，45 r/min×5 min，25 r/min×5 min，沉淀 30 min。快速转动（1 min）结束后立即测试水中溶解性的总铬和六价铬浓度，选择将六价铬完全还原成三价且充分沉淀的 pH 作为下一步试验的条件。

（二）硫酸亚铁还原六价铬所需时间

确定硫酸亚铁将六价铬还原成三价铬所需的时间。试验方法如下：

1．试验水样：自来水配水，共 6 个，每个水样 1 L。

2．pH 条件：按上述试验所得结果调节最适 pH，需测定反应前后 pH。

3．反应时间：分别设置反应时间为 3 min、5 min、7 min、10 min、15 min、20 min。

4．硫酸亚铁投加量：10 mg/L（以 Fe 计，相当于 SO_4^{2-} 浓度为 17 mg/L）。

5．试验过程：

调节水样 pH 至最适 pH，将 10 mg/L 的硫酸亚铁投入 1L 污染水样中，缓慢搅拌，反应时间分别为：3 min、5 min、7 min、10 min、15 min、20 min。反应后，调节 pH 为 8 左右，在六联搅拌仪上用混凝工艺要求的转速搅拌：快转 300 r/min×1min，慢转 60 r/min×5min，45 r/min×5min，25 r/min×5min，沉淀 30 min。时间结束后立即测试水中溶解性的六价铬浓度，选择将六价铬完全还原成三价铬的最短时间作为下一步试验的条件。

（三）硫酸亚铁投加量对六价铬还原影响

确定完全将六价铬还原所需硫酸亚铁投加量。试验方法如下：

1．试验水样：自来水配水，共 6 个，每个水样 1 L。

2．pH 条件：按上述试验所得结果调节最适 pH，需测定反应前后 pH。

3．反应时间：按上述试验所得反应时间调节最适反应时间。

4．硫酸亚铁投加量：2 mg/L、3 mg/L、5 mg/L、7 mg/L、10 mg/L、15 mg/L（以 Fe 计），需测定出水铁浓度。

5．试验过程：

调节水样 pH 至最适 pH，分别投加将 2 mg/L、3 mg/L、5 mg/L、7 mg/L、10 mg/L、15 mg/L 的硫酸亚铁（以铁计）至 1 L 污染水样中，缓慢搅拌。按最适反应时间，充分反应后，调节 pH 为 8 左右，在六联搅拌仪上用混凝工艺要求的转速搅拌：快转 300 r/min×1 min，慢转 60 r/min×5 min，45 r/min×5 min，25 r/min×5 min，沉淀 30 min。时间结束后立即测试水中溶解性的六价铬浓度，选择将六价铬完全还原成三价铬且混凝沉淀效果良好的硫酸亚铁计量，作为最适计量开展下一步试验的条件。

（四）氧化剩余硫酸亚铁所需的游离氯浓度

1．试验水样：自来水配水，共 6 个，每个水样 1 L。

2．pH 条件：根据第一组试验确定的 pH 进行，需测定反应后 pH。

3．硫酸亚铁投加量：根据适量硫酸亚铁投加量投加硫酸亚铁。

4．氯投加量：氯的投加量为 0.5 mg/L、1 mg/L、2 mg/L、3 mg/L[注：由于过量的亚铁离子会造成总铁超标，虽然水中的溶解氧可以氧化亚铁离子生成三价铁，但可能仍需要投加游离氯（氯水或次氯酸钠）将其氧化，并形成氢氧化铁沉淀去除]。但需要防止过量的氯，将三价铬重新氧化为六价铬。

5．试验过程：

调节水样 pH 至最适 pH，将最适的硫酸亚铁投入 1 L 污染水样中，待反应后，分别投加氯浓度为 0.5 mg/L、1 mg/L、2 mg/L、3 mg/L，调节 pH 至 8 左右，在六联搅拌仪上用混凝工艺要求的转速搅拌：快转 300 r/min×1 min， 慢转 60 r/min×5 min， 45 r/min×5 min，25 r/min×5 min，沉淀 30 min。取上清液过滤，废弃 100 mL 初滤液，取样测定剩余污染物和铁离子浓度。

参考文献

[1]　成思危，丁翼，杨春荣. 铬盐生产工艺. 北京：化学工业出版社，1988.

[2]　国家发改委，国家环保总局. 铬渣污染综合整治方案. 2005.

[3]　郑立平，赵连生，陈志有，等. 铬与人类的健康. 北京：文津出版社，1992.

[4]　郭顺勤. 铬、锰的性质及其应用. 北京：高等教育出版社，1992.

[5]　姚培慧. 中国铬矿志. 北京：冶金工业出版社，1996.

[6]　易秀. 黄土类土对铬和砷的净化机理及地下水防污安全埋深研究. 西安：陕西科学技术出版社，2005.

[7]　Group I E T E. Chromium（VI）Handbook. New York：CRC Press，2005.

[8]　迪安・J. A. 兰氏化学手册（十三版）. 北京：科学出版社，1991.

[9]　Hem J D. Study and Interpretation of the Chemical Characteristics of Natural Water，3rd ed. Washington DC：U.S. Government Printing Office，1989.

[10]　丁翼，纪柱. 铬化合物生产与应用. 北京：化学工业出版社，2003.

[11]　丁翼. 铬盐的应用与发展（五）. 铬盐工业，1995（1）：41-55.

[12]　丁翼. 铬盐的应用与发展（一）. 铬盐工业，1992（2）.

[13]　丁翼. 铬盐的应用与发展（八）. 铬盐工业，1996（2）：45-55.

[14]　丁翼. 铬盐的应用与发展（二）. 铬盐工业，1993（1）.

[15]　丁翼. 铬盐的应用与发展（三）. 铬盐工业，1993（2）：35-48.

[16]　丁翼. 铬盐的应用与发展（四）. 铬盐工业，1994（1）：34-58.

[17]　丁翼. 铬盐的应用与发展（六）. 铬盐工业，1995（2）：22-34.

[18]　丁翼. 铬盐的应用与发展（七）. 铬盐工业，1996（1）：56-67.

[19]　丁翼. 铬盐的应用与发展（九）. 铬盐工业，1997（1）：27-44.

[20]　丁翼. 铬盐的应用与发展（十）. 铬盐工业，1997（2）：48-59.

[21] 张永照. 环境污染与控制. 北京: 机械工业出版社, 1996.

[22] 李建文. 湘江水系中铬的形态分析. 长沙: 中南大学, 2007.

[23] Geelhoed J S, Meeussen J C L, Lumsdon D G, et al. Modelling of Chromium Behaviour and Transport at Sites Contaminated with Chromite ore Processing Residue: Implications For Remediation Methods. Environmental Geochemistry and Health, 2001, 23 (3): 261-265.

[24] Friess S L. Carcinogenic risk assessment criteria associated with inhalation of airborne particulates containing chromium (VI/III). Environmental Science & Technology, 1989, 86: 109-112.

[25] Pantsar-Kallio M, Reinikainen S, Oksanen M. Interactions of soil compounds and their effects on speciation of chromium in soils. Analytica Chimica Acta, 2001 (439): 9-17.

[26] Seigneur C, Constantinou E. Chemical Kinetic Mechanism for Atmospheric Chromium. Environmental Science & Technology, 1995, 29 (1): 222-231.

[27] Kotas J, Stasicka Z. Chromium occurrence in the environment and methods of its speciation. Environmental Pollution, 2000, 107: 263-283.

[28] Kimbrough D E, Cohen Y, Winer A M, et al. A critical assessment of chromium in the environment. Critical Reviews in Environmental Science and Technology, 1999, 29: 1-46.

[29] Nriagu J O, Nieboer E. Historical perspectives: and Production and uses of chromium, in Chromium in the Natural and Human Environments. New York: John Wiley and Sons, 1988.

[30] 顾公望, 张宏伟. 微量元素与恶性肿瘤. 上海: 上海科学技术出版社, 1993.

[31] 王志强. 土壤铬含量对水稻产量的影响及其原因分析. 扬州: 扬州大学, 2005.

[32] Agency U S E P. Recent Developments for In Situ Treatment of Metals-Contaminated Soils. Washington, D.C.: U.S. Environmental Protection

Agency，Office of Solid Waste and Emergency Response，1996.

[33] 潘留明. 含铬废水的电化学处理方法研究. 武汉：武汉科技大学，2005.

[34] 蔡再华. 含铬废水处理综述. 铬盐工业，1998（2）：1-15.

[35] Richard F C，Bourg A C M. Aqueous geochemistry of chromium：a review. Water Research，1991，25：807-816.

[36] 赵静. 微生物法处理含铬电镀废水的试验研究. 广州：华南理工大学，2010.

[37] Bailey S E，Olin T J，Bricka R M，et al. A review of potentially low-cost sorbents for heavy metals. Water Resources，1999，33（11）：2469-2479.

[38] 厉威. 高效电渗析资源化处理电镀铬漂洗废水研究. 杭州：浙江大学，2010.

[39] 马荣骏. 工业废水的治理. 长沙：中南工业大学出版社，1991.

[40] 谭怀琴. 铬渣生物解毒工艺及解毒动力学研究. 重庆：重庆大学，2006.

[41] 黄玉柱. 铬渣稳定化/固化处理技术研究. 杭州：浙江工业大学，2002.

[42] 郭军. 铬渣解毒及其固化的研究. 沈阳：东北大学，2008.

[43] Agency U S E P. Record of Decision for Coast Wood Preserving，Ukiah，CA. Washington DC：U S Environmental Protection Agency，1998.

[44] 龙腾发，柴立元，郑粟. 生物法解毒六价铬技术的应用现状与进展. 安全与环境工程，2004，11（3）：22-25.

[45] Y I，C C，S S. Chromium reduction in Pseudomonas Putida. APPlied and Environmental Mierobiology，1990，56（7）：2268-2270.

[46] Me L，C A，Wt F. Factors affecting chemieal and biologieal reduetion of hexavalent chromium in soil. Environmental Toxicology and Chemistry，1994，13（11）：1729-1735.

[47] R L D，D C J. Bioremediation of metal contamination. Current Opinion In Biotechnology，1997，8（3）：285-289.

[48] 苏长青. 铬污染土壤中六价铬的微生物还原及三价铬的稳定性研究. 长

沙：中南大学，2010.

[49] M V, G C, E D. A combined baeterial Proeess for the reduction and immobilization of chromium. International Biodeterioration & Biodegradation, 2003, 52 (1): 31-34.

[50] R L D. Dissimilatory Metal Reduction. Annual Review of Microbiology, 1993, 47 (1): 263-290.

[51] 李秀中. 追问云南铬污染：究竟是谁在倾倒？第一财经日报，2011-08-23 (A6).

[52] Loyaux-Lawniczak S, Lecomte P, Ehrhardt J. Behavior of hexavalent chromium in a polluted groundwater: redox processes and immobilization in soils. Environmental Science & Technology, 2001, 35: 1350-1357.

[53] Bartlett R J, James B. Behavior of chromium in soils: III: Oxidation. Journal Of Environmental Quality, 1979, 8: 31-35.

[54] Palmer C D, Puls R W. Natural attenuation of hexavalent chromium in groundwater and soils, Ground Water: EPA, 1994.

[55] Wielinga B, Mizuba M, Hansel C, et al. Iron promoted reduction of chromate by dissimilatory iron-reducing bacteria. Environmental Science & Technology, 2001, 35: 3.

[56] Davis A, Olsen R L. The geochemistry of chromium migration and remediation in the subsurface. Ground Water, 1995, 33: 759-768.

[57] Eckert J M, Stewart J J, Waite T D, et al. Reduction of chromium (VI) at sub- μg/L levels by fulvic acid. Analytica Chimica Acta, 1990, 236: 357-362.

[58] Dreiss S J. Chromium migration through sludge treated soils. Ground Water, 1986, 24: 312-321.

[59] Dean J A. Lange's Handbook of Chemistry (fifteenth edition). McGraw-Hill, 1999.

[60] Richard F C, Bourg A C M. Aqueous geochemistry of chromium: A review.

Water Research，1986，25（7）：807-816.

[61]　Zachara J M，Girvin D C，Schmidt R L，et al. Chromate adsorption on amorphous iron oxyhydroxide in presence of major ground water ions. Environmental Science & Technology，1987，21：589-594.

[62]　王娟怡，于萍，罗运柏. 突发性水体铬污染应急处理试验研究. 污染防治技术，2010，23（5）：8-14.

[63]　陶光华，陆少鸣，王健. 饮用水源突发性铬污染去除方法的比较研究. 环境工程学报，2010，4（1）：133-137.

[64]　杨广平，张胜林，张林生. 含铬废水还原处理的条件及效果研究. 电镀与环保，2005，25（2）：38-40.

[65]　夏爱军，王江梅，张新国. 还原法处理电镀废水后铬反弹成因分析与对策. 环境污染与防治，2003，25（2）：107-108.

[66]　赵宁，潘勇. 铬对人类健康危害的评估. 铬盐工业，2000（2）：34-36.

[67]　许永杰. 铬化物对人体的危害及预防. 铬盐工业，2006（2）：49-50.

[68]　张一飞. 铬中毒. 北京：科学普及出版社，1957.

[69]　张悦，张晓健，陈超，等. 城市供水系统应急净水技术指导手册. 北京：中国建筑工业出版社，2009.

[70]　王占生，刘文君. 微污染水源饮用水处理. 北京：中国建筑工业出版社，1999.

[71]　杨威. 水源污染与饮用水处理技术. 哈尔滨：哈尔滨地图出版社，2006.

[72]　王占生，刘文君. 水源水质与净水厂改造适用工艺. 建筑科技，2010（21）：31-34.

[73]　舒丽萍，刘卫艳，周建萍. 某电镀厂下游水源六价铬污染情况调查. 浙江预防医学，2009（12）：45-46.

[74]　阎江峰，陈加希，胡亮. 铬冶金. 北京：冶金工业出版社，2007.

[75]　上海科学技术情报研究所. 含铬废水的处理及利用. 上海：上海科学技术情报研究所，1972.

[76] 国营峨眉机械厂. 铁氧体法处理含铬废水在我厂的应用. 国营峨眉机械厂，1981.

[77] 曹树梁. 铬渣危害和治理方法研究. 铬盐工业，2007（1）：26-44.

[78] Shin H，Koo J，Kim J，et al. Leaching Characteristics of Heavy Metals from Solidified Sludge Under Seawater Conditions. Hazardous Waste and Hazardous Materials，1990，7（3）：261-271.

[79] 韩怀芬. 铬渣固化体长期稳定性的研究. 杭州：浙江工业大学，2004.

[80] Agency U E P. Characterization of Mun-icipal Solid Waste in the United States. Washington D. C.：USA Environmental Protection Agency，1992.

[81] 刘大银，周才鑫，唐秋泉. 铬渣烧结矿炼制含铬生铁工业化生产试验研究. 环境科学，1994（5）：31-33.

[82] 杨德安，戴彦良，谈家琪. 利用高碱铝铬渣合成镁铬尖晶石. 硅酸盐通报，1988（6）：25-27.

[83] 王永增，杨国武，赵敏. 用铬渣烧制彩釉玻化砖试验研究. 环境科学，1995（5）：41-44.

[84] 李有光，龚七一，秦德酬. 利用铬渣制造微晶玻璃建筑装饰板. 环境科学，1994，15（6）：41-42.

[85] 谭建红. 铬渣治理及综合利用途径探讨. 重庆：重庆大学，2005.

[86] 黄彦. 铬渣污染土壤的电动修复研究. 重庆：重庆大学，2010.

[87] Rouse J V，Leahy M C，Brown R A. A geochemical way to keep metals at bay：Environmental Engineering World. McGraw-Hill，1996.

[88] Usepa U S E P. In Situ Treatment of Soil and Groundwater Contaminated with Chromium. Washington D.C：USEPA，U S Environmental Protection Agency，2000.

[89] Usepa U S E P. Permeable reactive subsurface barriers for the interception and remediation of chlorinated hydrocarbon and chromium（Ⅵ）plumes in groundwater. Washington D.C.：U S Environmental Protection Agency

（USEPA），1997.

[90]　J P，M P T. Comparison of solvents for ex situ removal of chromium and lead from contaminated soil. Environmental Engineering Seienee，1997.

[91]　周加祥，刘铮. 铬污染土壤修复技术研究进展. 环境污染治理技术与设备，2000（4）：52-56.

[92]　纪柱. 六价铬手册第十章（个案研究）. 铬盐工业，2008（2）：20-72.

[93]　Vincent J B. The Nutritional Biochemistry of Chromium（III）. Amsterdam：ELSEVIER，2007.

[94]　余素清，沙伟，董金增，等. 微量元素在骨组成中的正常值. 微量元素与健康研究，1989（4）.

[95]　何俊英，周铁栓. 指甲中的微量元素与年龄的关系. 微量元素与健康研究，1992（1）.

[96]　H. A. 施罗德 痕量元素与人. 北京：科学出版社，1979.

[97]　Santonen T，Zitting A，Riihimäki V. Inorganic chromium（iii）compounds：World Health Organization，2009.

[98]　Agency U S E P. Toxicological review of trivalent chromium. Washington，DC：U.S. Environmental Protection Agency，1998.

[99]　Agency U S E P. Toxicological review of hexavalent chromium. Washington，DC：U.S. Environmental Protection Agency，2010.